朗仔玩军事

百科图解

士兵装备知识

瀚鼎文化工作室◎编著

航空工业出版社

北京

内容提要

在战争中，决定胜负的不仅仅是坦克、战舰、飞机等主战武器。后勤补给同样极为重要。本书搜集了大量国内外相关资料，对世界各国军队的饮食、服装、战斗补给以及其他非战斗力装备进行了详细介绍，并对各种装备的使用方式、作用通过图示加以说明。

图书在版编目（CIP）数据

百科图解士兵装备知识 / 瀚鼎文化工作室编著．--
北京：航空工业出版社，2014.1（2020.8重印）
ISBN 978-7-5165-0285-3

Ⅰ．①百… Ⅱ．①瀚… Ⅲ．①武器装备－世界－图解
Ⅳ．① E92-64

中国版本图书馆 CIP 数据核字（2013）第 267214 号

百科图解士兵装备知识
Baike Tujie Shibing Zhuangbei Zhishi

航空工业出版社出版发行
（北京市朝阳区京顺路 5 号曙光大厦 C 座四层　100028）
发行部电话：010-85672663　010-85672683

北京世汉凌云印刷有限公司印刷　　全国各地新华书店经售
2014 年 1 月第 1 版　　2020 年 8 月第 4 次印刷
开本：710×1000　1/16　　字数：211 千字
印张：11.5　　定价：39.80 元

编者的话

在战争中，决定胜负的不仅仅是坦克、战舰、战斗机等武器，粮食、服装、弹药等后勤供应同样是战争中极为重要的一环。

本书从认识军用品和民用品作为出发点，分门别类地介绍了军队的饮食、服装、补给以及其他各种非战斗力装备。与同类书相比，本书更侧重于从整个世界的大环境中对军用装备的进化加以阐述，并结合历史上重要的战役，将军用装备的作用具体化、形象化。

《百科图解》系列丛书是瀚鼎工作室倾力打造的“明仔玩军事”大家庭的一员，是在搜集国内外大量兵器知识后，整理编写而成的涵盖古今中外的军事知识的科普性图书。内容涉及到舰船、枪械、冷兵器乃至现代军用装备等多种类别，希望令广大读者能全面地认识不同时期不同武器装备对战争甚至是历史进程的作用。

目 录

目 录

第一章
基础知识

No.001 军用装备是如何产生的

军队使用的装备并非全部是由“军方的研发部门”特别制作的产品，不少装备都是军方与民间机构合作开发出来的。

决定规格→试制→测试

在研发新装备的时候，首先要决定的是其“规格条件”。规格是指规定出产品的性能与外观等硬性标准。以吉普车为例，在开发时制定的标准就是“车身大小在XX米以内、发动机动力要在XX以上、能够搭乘XX人……”，在如此详细的要求下才开始进行研发。

新装备的规格条件主要受到当时的国际形势、预计使用的战场等因素影响。比如越战时美军对装备的要求是“适合在高温潮湿的地区使用的产品”；而海湾战争、伊拉克战争中的要求则是“能够应对沙尘很大的中东地区气候，以及没有遮蔽的沙漠中使用的产品”。

如果要求的条件过于模糊，最终完成的产品可能特点不足，甚至没有具体的用途。而将要求制定清楚以后，能够很简单地判断该装备是不是适合在某些场所使用。因此规格条件越是详细精确，对使用者来说就越方便。

在制定出规格条件以后，就可以根据制定的规格试制产品。一般研发单位不一定只限于军方的研发机关，很多时候会有一些民间的生产厂商一起参与竞争。最终各厂商制造的产品需要接受军方的测试来决定是否被采用。

测试的方法有很多种。以帐篷为例，有时候会将试制品放在降雨室内，通过人工降水连续浇淋数日来测试其性能；也可能会让特种部队的测试团队将帐篷带到军事演习区，在严苛的自然条件下过度使用，或是在极限环境中进行耐用度测试。

通过测试的装备被采用以后会进行制式化生产，分配到军队中给士兵使用。有时候也会有“提前分配”的情况：把初期的量产品发给士兵在实战中使用，让士兵发现优缺点以后重新进行改良，将最终的正式量产品分配给所有部队使用。

研发装备的流程

要研发装备的话……

决定“规格条件”

- 以明确的预定数据和预设优点决定
- 受到国际形势和使用环境的强烈影响

试制品

- 通常会同时研发多种试制品
- 研发方不限于军方机构

改良

- 把结果反映在试制品上，继续研发

接受测试

- 在预设的使用环境下进行严苛测验
- 常有多家厂商同时竞标的情况

采用

在没有时间进行“测试→改良→再测试”的时候，则先采用产品，在实战中测试需要改良的地方。

No.002 军用品比民用品高级吗

以前，军用装备都是长年累月不断改良而来的专业产品。经过专门训练的士兵在使用时发挥出它的最大作用，甚至能够提升战斗力。

军用品和民用品

军用装备是不会根据个人喜好随意改变的。除了特种部队允许士兵自行决定需要使用哪些装备以外，一般的士兵必须要使用统一配备的装备。

在第二次世界大战以及之后的冷战当中，世界上最先进的技术都是首先被应用在军事方面，军事研究在国家的预算中也始终都是第一顺位。而民用品则大多是从成熟的军事技术中衍生制造的产品。

随着民间企业的技术不断提高，当前产生了一种“把可以使用的民用品转用在军事上”的倾向。当然，战车、战斗机之类的武器或者装甲材料是无法这样转用的。但是手套、皮靴等士兵装备则可以采用民间的户外运动产品的制造工艺，或者直接把厂商的既有产品应用到军队当中。

近年以来爆发的战争主要是以小规模的区域性战争为主，已经没必要像冷战时期那样必须保有大量的战车、战斗机，装备的采购数量也因此减少了许多。当前各国军方的理念更倾向于“尽快把使用了最新技术的装备配备到军队中”，也就是说，把民间技术专用到军事上的模式得到了迅速普及。

就陆军而言，无论在哪个国家，都是军队的最基本组织，由数量庞大的步兵构成。因此步枪、帐篷等陆军的必备装备，在说明书、使用方法、维修零件等方面，都要采用统一的标准才行。

军用装备一旦配备到全军使用以后，很难再次做出变更。除了战车、战斗机等尖端产品以外，个人使用的枪械、帐篷、服装等装备只有在装备新产品装备的时候才会被淘汰。

军用装备

军用装备与民用品的关系

在冷战结束之前

国家预算首先会分配到军事研究方面，因此……

军队 —把军事技术应用在民用品上→ **民间**

近年以来出现的新趋势

冷战结束以后军事预算逐渐削减

开发装备的预算减少以后

↓

预算集中在战车或战斗机等尖端武器方面

↓

步兵的人数众多，因此武器的训练或维修方面的规格变更、说明书的修正等，都是非常浩大的工程。

↓

个人装备很容易被新产品替代

因此……

民间 —品质优良的产品→ **军队**

节省了研发装备的费用和时间

No.003 不同国家军用装备之间规格相同吗

所谓军用装备的规格，指的是上至武器与装备，下至日常使用的小工具，都会严格地制定出材质、形状、尺寸、制作方法等数据。

美军规格（MIL–Spec）与日本军用工业规格（JIS）

美军规格指的是美军在研发、采购军用品时的规格。美国所有军事设施内使用的物品都必须根据相同的规格来设计、研发。

军队所使用的物品要求要比一般的生活用品高。例如耐用度或性能极限等，考虑到军队的活动环境（比如干燥炎热的沙漠、阴冷的寒带、潮湿闷热的热带雨林等），不难理解军用装备严格要求的意义。

日本工业规格的标准是以一般的生活标准为参考对象，而美军规格则是要求所用物品需要在军队活动的任何环境下都能百分之百地发挥其性能。在一些户外用品等的广告中，常常会看到“基于美军规格设计”或者“符合美军规格”之类的宣传词。但是这仅仅是一种宣传方式，是指该物品经过了极其严格的检查，其规格甚至不低于美军的军用装备标准。

与美国、日本军用工业规格的要求比较接近的是“美军标准”（Military Standard）。美军标准是一种测量比较的评价标准，与严格到规定制作方法的美军规格不同。

美军规格或者美军标准这样的规定，除了对科技含量很高的飞机或者电子产品之外，对军靴、军帽等服装类产品，或者罐头、水杯等生活用品也同样产生效用。这种方法不在乎成本效益，只是按照一贯的要求执行着极高的规格和一些无意义的严苛检查。

正是因为如此，目前出现了阶段性的废止繁琐的美军规格的趋势，对于某些物品的要求也从以往的“注重制造过程和结果”向仅“注重结果”转变。也就是说，只要质量能够过关，不再顽固地限定其制作方法。

美军规格的合格品

美军规格 = 研发、采购军用品时依据的规格

日本军用工业规格 → 以一般的生活为对象

美军规格 → 作为军用品，被预设为能够在极热、极冷等各种极限环境使用。

市场中所说的美军规格，是指耐得住极限环境的高品质产品。

在军队中

飞机 | 服装 | 罐头 | 电子产品 | 其他生活用品

都要符合规格

↓

但是就连和一般生活功能差不多的物品都要按照美军规格来制作，过于浪费成本。

↓

“美军规格”进行改革检讨，开始将民用生活用品引入到军中使用。

No.004 军用装备都是使用特制材料制作吗

以前，步枪的弹匣袋或者手枪腰带、背带等装备都是使用皮革或者帆布制作的。因为这些材质成本低，并且耐用。现在这些东西的材料主要是尼龙制品。

尼龙制成的军用装备

皮革和棉花一样，是自古以来就在使用的材料。经过鞣制的皮革比较柔软，能够用来制作袋子、腰带等东西；而烘烤过的的皮革稍微硬一点，可以用来制造皮靴之类的物品。

帆布是制作大面积耐用产品的绝佳材料。这种布料以前被当作船帆使用，后来被用来制造帐篷、卡车盖布等装备。

因为这两种材料比较常见并且耐用度很好，因此以前的军用装备基本都是使用皮革或者帆布制造的。

第二次世界大战以后，以化学纤维为制造原料的装备问世。其中最出名的就是美国杜邦公司研发的尼龙。尼龙的强度和耐磨程度都很高，因此从诞生开始就被广泛地应用在各种装备上。

尼龙本身是一种无色的纤维，需要的时候可以加工上色。军用装备使用的尼龙一般都被染成黑色或者军绿色，当然，迷彩服以及其配套的装备是要染成一定的花纹的。使用尼龙制成的装备，常常会使用聚氨酯进行防水处理。

杜邦公司还研制出了一种不易断裂、不易磨损、强度是尼龙 2 ~ 3 倍的新尼龙材料——考杜拉（Cordura），以及比“考杜拉”更加柔软的“考杜拉 +”（Cordura Plus）。

除了尼龙以外，还有一些其他的化学纤维被广泛使用。其中比较有名的有凯芙拉（Kevlar）和 GORE-TEX。凯芙拉是一种强度、耐热度都很高的纤维，而且韧性很强，因此多被应用在防弹装备上。GORE-TEX 是一种防水透气布料，主要用在军靴和野战服当中，能够提高舒适性。

军用装备的制造材料

第二次世界大战以前使用的基本材质

皮制品

- 鞣制过的皮革比较柔软，烘烤过的皮革比较硬
- 自古以来使用的传统的材料

帆布制品

- 可以制作大面积、耐用的产品
- 缺点是太硬、太重

↓

尼龙纤维登场

- 强韧、耐摩擦的化学纤维
- 容易加工上色

除此之外也产生了其他许多种新材料

防弹材料凯芙拉（Kevlar）

耐热、耐拉扯，因此能够抵挡子弹的能量。

透气性极佳的 GORE-TEX

防水透气，非常适合制造防水装备。

改良

提升了性能的“考杜拉”（Cordura）和“考杜拉+”（Cordura Plus）

比尼龙更加强韧、更加柔软。

No.005 装备在使用中的差异化

从武器、装备的批量生产，或者训练、使用的角度来说，统一的装备规格是基本条件。但是在一些反映以前战争的照片中，能够看到一些人的装备和其他人的不尽相同。

有别于他人的装备

一般情况下，军队的装备都要统一规格，因此严禁有人使用不同的武器或者装备。把自己的枪械或者特制的头盔、护具等带到军中，更是不被允许的。当战场上需要某些装备的时候，而制式装备中却并没有该装备，这时就会出现例外。

第二次世界大战末期，各国的物资都相当匮乏，士兵使用非正规装备的情况十分常见。虽然军方也想统一装备的规格，但是很难凑齐足够的数量。加上前线十分混乱，已经停产的装备或者缴获的他国装备也会在军中使用。

越战的时候，由于环境的限制，一般枪械在雨林或者山地中受到极大限制。美国军方虽然也清楚霰弹枪在这种条件下非常实用，但是苦于无法立刻调出如此多的霰弹枪配备军队，因此有许多士兵使用的都是私人的霰弹枪。

此外，有些不是制式的装备，只要不影响到部队的行动，通常是默许使用的。比如私人的小刀，只要不影响军方制式刺刀的使用，这类小刀也不会被没收或者禁止使用。像打火机、指南针这类小东西，也没有哪个部队规定不许使用。基本上私人使用的一些小东西，都是可以使用的。

简单来说，制式规格以外允许使用的标准比较灵活，即：为了获胜而必须的物品，或者是上级判断该物品不会影响行动。例如有的士兵会在军服上手绘部队的徽章，激励自己和身边战友的士气。和这种情况比较相似的，在战争中空军飞行员或者坦克手会在击毁敌方战机、坦克后在自己的飞机、坦克上绘制特有的标识。

与他人不同的装备

所有的士兵都一样吗?

不统一规格的话，在补给、修理、训练等方面都有诸多不变。

但部队中有些人的装备与他人不同

这些人都是负责专门方面的士兵，训练方式和配给的装备都和一般士兵不同。

→ 士兵：机枪手、掷弹手、通信兵、卫生员

正规的战斗中，都是使用统一的装备。

军队和军队之间的战斗重视的是集体的战斗力，有时候还要要求与其他部队之间进行配合，因此统一规格的装备非常重要。

非正规的战斗（游击战）中，装备在一定程度上比较自由。

游击战中个人的战斗能力能够起到一定的作用，因此为了方便行动，可以根据自己的特点选择适用的装备。

容许装备的差异程度

- 有利于取得战斗的胜利
- 不会对其他士兵造成不良影响

No.006 军用装备上的文字是喷漆吗

用来装补给物资的木箱或者装弹药的弹药箱，在箱子表面都印有说明箱内物品的文字。这些文字是用什么写上去的呢？

“模板”喷涂

写在军用物资或者军用车辆上的文字、字母，都是使用“模板”统一喷涂的。

模板是一种常见的涂装方法：把刻有文字的型纸覆盖在装备上，从型纸上方直接喷涂，型纸上留出的镂空就会成为文字说明了。

如果直接用笔、漆写的话，写出来的文字可能不尽相同，容易出现错误。而采用模版喷字的方法，可以保证喷制的文字都完全一样。

基本上一张型纸上都只有一个字母或者文字，可以随意排列组合成单词和句子。对于管理大量物资的军需部门来说，要快速统一说明一批装备的时候，高效率的模版喷漆法是非常适合的方式。

型纸一般都是用瓦楞纸或者薄塑料片制成的，这样在喷涂的时候能够适当弯曲，在喷涂具有弧度的装备时比较方便。

另外也有金属制的型纸，通常都是用黄铜制成，这种型纸能够长期使用，而瓦楞纸制成的型纸在使用几次以后就会作废。

最为常见的喷字颜色是白色，因为在其他许多颜色的箱子上喷涂白色都能清楚可见。但是在喷涂“注意”、“危险”等内容的时候，会换成红色的颜料，以示危险。

在喷漆的时候必须要从型纸的正上方进行喷涂，否则颜料可能会喷到型纸和物品之间的缝隙里，影响喷涂效果。

在刻好的型纸上喷漆

备用品的编号或部队的简称等，这些文字都是通过“模版”喷涂上去的。

模版的优点

能够在短时间内制作出大量相同的文字

文字模版

ABCDEFGHIJKLMN
OPQRSTUVWXYZ&
123456789.......

No.007 军绿色和卡其色

陆军的卡车、野战服的颜色通常都和草木的颜色比较接近，这是为了配合陆军常常活动战场色调。陆军军装最为常见的颜色就是军绿色和卡其色。

军绿色和卡其色

军绿色也叫 OD 色，是 Olive Drab 的简称，指的是带有茶色的暗橄榄绿或者偏橄榄绿的褐色。

卡其一词源于波斯语中的沙尘、尘土（Khak），一般是指偏茶色的黄色，现在军用的野战服有许多都是这种颜色。19 世纪时，驻印英军的夏季制服是白色的，远处看起来十分明显。为此，驻印英军将军服换为类似当地尘土的颜色，引用波斯语中的沙尘一词，这就是“卡其色”的来源。

通常我们认为，军绿色是把黑色、黄色（茶色）与绿色的颜料以 1：1 的比例混合而成。虽然这种颜色十分简单，但是伪装的效果却很好。

1898 年，英国人和布尔人为了争夺南非殖民地进行了 3 年的战争。英军的红色军服在森林中非常显眼，而布尔人身着黄绿色军服，武器上也涂有绿色，潜伏在绿色的热带森林中，十分隐蔽。尽管英国人比布尔人多 5 倍，交战的结果却常常是英军失败。血的教训使英军认识到军服色彩的重要性，便把军服一律改成暗绿色。以后，欧洲各国军队争相仿效。第一次世界大战（一战）后绿色的军服已相当普及。

目前，世界上军服的颜色有 800 多种，其中最常见的仍是绿色，但是由于作战方式的多样化，作战环境的颜色也各不一样。为了更好地适应环境，科学家设计出了多色彩构成的迷彩服。它的特点是能将人和武器与背景混在一起，隐蔽性非常高。越战中，美军设计了由 5 种颜色组成的迷彩服，沙土色占 37.9%，褐土色占 14.9%，黑土色占 21.4%，黄绿色占 13.3%，深绿色占 12.5%，很适合越南的作战环境。

军装色

军绿色（OD）=Olive Drab 的简称

在迷彩成为主流以前，军用装备的颜色基本都是黑绿色系的涂装。

卡其色 = 来源于波斯语中的沙尘（Khak）一词

19 世纪中期驻印度英军使用的颜色，从偏红到偏黄都有，范围很广。

两者都是军装色，常常混用

尤其是卡其色

卡其 = 包含的颜色越来越多

↓ 结果

沙色

枯草色

米黄色

土色

多种颜色都被包含在内

卡其色系在自然中不太显眼，也被称为“大地色”。

No.008 迷彩涂装的秘密

迷彩（Camouflage），军事上指保护物的色彩和周围环境协调一致，使敌方辨别不清。

迷彩涂装

现在单兵的伪装方式多是穿上与四周环境相同色调、容易融入背景的衣服，并在脸、脖子等裸露在外的皮肤涂上迷彩色的油彩。

伪装的基本原理来源于变色龙的保护色。比如在沙漠中使用沙色，在树林中使用绿色，都是为了与背景融为一体。即便是使用只有一种颜色的单色迷彩，只要这种颜色与周围的环境颜色接近，也能实现伪装的效果。

就是飞机，在不同地区所涂装的色彩都是不同，不过只要涂上与周围环境相同的色彩，就能实现迷彩的效果。例如在雨林地区的飞机常常是涂装成绿色，航空母舰上的飞机则多涂为蓝色、银色，都能实现很好的伪装效果。就算同样是绿色，不同地区的绿色也有所不同，都会根据实地的植被来对绿色进行调整。

相比于单色迷彩，“多色迷彩”就要复杂一些了。所谓多色迷彩，是以2~4 种颜色构成的迷彩图案。对于图案的形状，有几点要注意：形状不规则、花纹要跨过保护物的边缘与转角、下层亮、上层暗。

这种迷彩涂装的目的是为了让保护物外形产生扭曲，迷惑敌人的视线。因此对要求花纹不能在保护物的边缘终端，否则会让保护物更加明显地暴露出来。

另一个原因就是因为自然中的物体被光线照射以后会产生漫反射，会造成物体上方较亮，下方由于阴影显得较暗的情况。迷彩涂装则是反其道而行之，在下层涂亮色、上层涂暗色，能够让保护物的形状更难分辨。

迷彩 = 伪装

迷彩涂装 = 欺骗敌方视线，让保护物不易被发现的涂装。

实际上类似于变色龙保护色，能够让保护物融入周围的环境，让敌人难以发现。

单色迷彩

野战服或个人装备

多色迷彩

迷彩服或战车

为了让多色迷彩发挥效果

- 形状不规则
- 花纹要跨过保护物的边缘与转角
- 下层亮、上层暗

目的是为了让保护物外形产生扭曲，迷惑敌人的视线。

No.009 迷彩有什么颜色

迷彩服与迷彩涂装所用的迷彩主要是为了避开敌人的视线，最常见的迷彩由绿色、茶色、黑色等颜色构成。但是由于不同环境下背景颜色的不同，因此迷彩并不全是绿色系的花纹。

环境决定迷彩

在大多数人的印象中，所谓迷彩就是绿色和茶色花纹组成的图案，因为这种花纹在电影电视中最为常见。实际上，各种颜色都有可能被当作迷彩使用，而不仅局限于绿色。常见的绿色迷彩主要是在森林地带活动时使用的。

在北欧地区，一到冬天就遍地白雪皑皑，他们这时所使用的是一种“冬季迷彩”，基本配色是白、灰、黑色。靴子、手套、以及防止步枪结冰的步枪袋都会使用这种色调的迷彩。

在中东或者非洲的沙漠中，所使用就是由黄色、褐色等不同色调的沙色组成的“沙漠迷彩”。第二次世界大战（二战）中，英军曾在车辆上涂装偏粉红色的沙漠迷彩。

这些迷彩的色调和图案会根据预定活动地区的地形和植被而有所不同。比如俄罗斯和美国，同样的冬天，但是树木的生长情况、叶子的形状和色调都不一样，所以就算同样是冬季迷彩，在涂装上也会有很大的区别。

除了地面人员和装备需要使用迷彩以外，在海上和空中使用迷彩也颇具成效。例如飞机的“航空迷彩”，是以机身为中心，使用灰色系的颜料涂装，这样能够让机身与天空融合。飞机在海上的迷彩则是以蓝色系的色彩为主，从机身中心逐渐向边缘淡化，从上空俯视的时候不易分别出飞机与海洋。

二战期间有的战斗机会在机体的上半部分涂上绿色或者蓝色，下半部分则涂上白色或者银色，这种迷彩涂装的目的是为了在被上方的敌机发现以后自己可以隐藏于森林或者海洋当中；被下方的防空部队发现以后能够迅速让飞机融入到天空中。

各种迷彩涂装

迷彩的目的就是不被敌人发现，因此使用的颜色不限于绿色系。

例如

冬季迷彩 = 以白色或灰色为基调的迷彩

沙漠迷彩 = 由不同色调的沙色（黄色或者褐色）组成的迷彩

迷彩会根据预定活动地区的气候和植被而变化，所以各军队所使用的迷彩也都有着细微的区别。

飞机的迷彩涂装

蓝色迷彩使得难以分辨海洋与飞机，在海战中常常用到。

灰色的迷彩能够让飞机与天空融合，空战中十分有利。

现在机身迷彩的主流是从机身中心把蓝色或者灰色向边缘淡化的涂装。

No.010 电影中经常看到卫生员给伤病伤口撒的色粉末是什么

在一些以战争为题材的电影中，有时会看到卫生员在战友的伤口上撒上白色的粉末。这种粉末是一种叫做磺胺的药物，能够用来抑制细菌繁殖，二战时美军曾大量分配给士兵使用。

能够抗菌防脓

战场上是搏命的地方，因此不可避免受到各种伤害。上战场的士兵通常都会携带着医疗包、快速急救箱等物品，但是一般士兵所用的急救包通常只有纱布、绷带、抗菌消炎药等急救、包扎的用品。

第二次世界大战中士兵最为常用的抗菌消炎药就是磺胺。磺胺的成分和细菌繁殖所需要的叶酸很相似，它能妨碍叶酸的形成，从而影响细菌和蛋白的合成，最终达到抑制细菌生长繁殖的效果。

在处理伤口的时候要先在伤口上撒上磺胺粉末，然后用绷带或者纱布包扎。士兵使用的绷带是已经裁成小片、经过杀菌处理、并加有垫片的压缩绷带。

纱布、绷带这种用来包扎伤口，使伤口与外部环境隔绝，防止细菌感染的物品都被称为“包扎材料”。近年出现了一些含药胶布，能够直接贴在伤口上使用。

现在的包扎材料应用了一些先进的科技，比较具有代表性的有纤维蛋白绷带。纤维蛋白是纤维凝血蛋白的简称，在进行整形手术的时候常被作为组织接合的生物胶。使用纤维蛋白制成的绷带贴在伤口，能够促进细胞活性，加速伤口的愈合。

在战场上不一定时刻都有足够的药物和材料处理伤口。在一些特殊的场合，如果士兵受伤流血不止，但是又没有止血药和抗菌消炎药的时候，会将子弹里的火药洒在伤口上点燃。火药燃烧的瞬间高温能够达到一定的杀菌效果，同时，伤口烧焦以后能够实现止血的目的。

士兵的急救包

分配给士兵的急救包里，包含最低限度的必要物品。

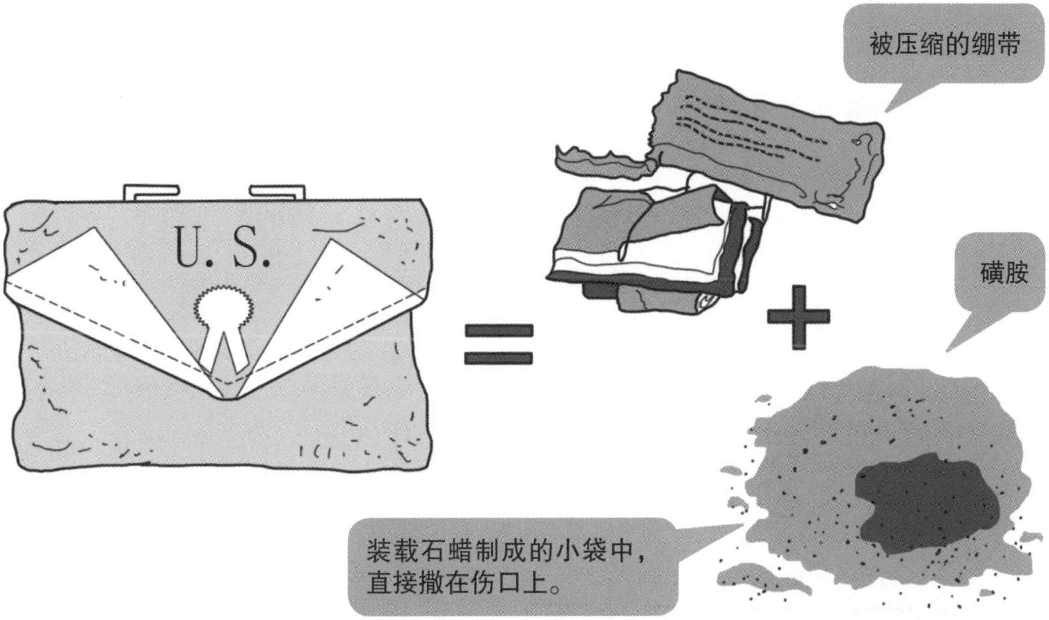

磺胺的成分和细菌繁殖所需要的叶酸很相似，它能妨碍叶酸的形成，抑制细菌的滋长。

急救品的划时代的发明——纤维蛋白绷带

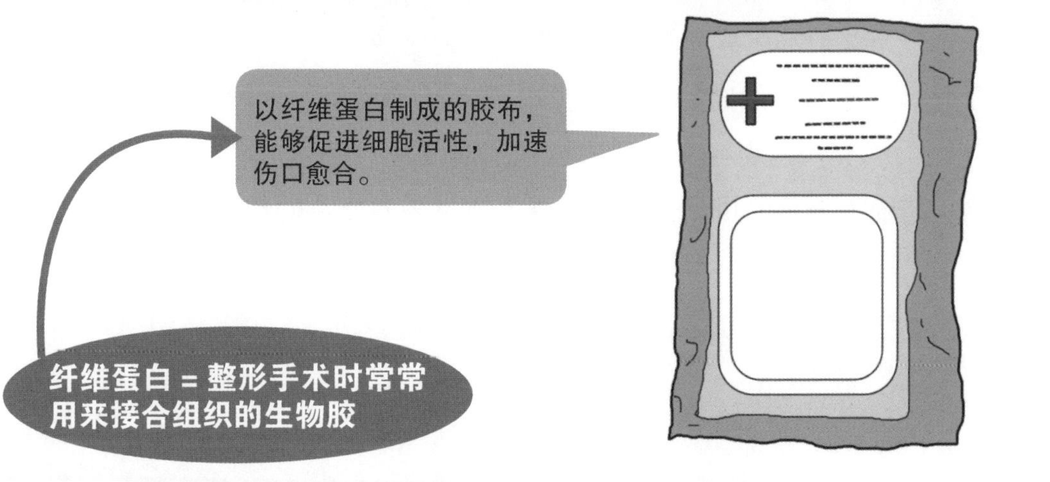

No.011 重伤的士兵如何处理伤势

吗啡是从鸦片中提炼出来的镇痛药物，能够直接作用于脑部的中枢神经，缓和疼痛。能够应用在外伤、内脏损伤、癌症等重病患者的止痛，使用范围相当广泛。

以鸦片为原料的药物

鸦片是将未成熟罂粟果实烘干制成，是一种非常有名的麻药，有着强烈的成瘾性，吗啡就是从鸦片中提炼出来的。兴奋剂之类的药物能够令人“消除睡意，振奋精神”，而吗啡等药物的效果与兴奋剂恰恰相反，能够令人疲倦嗜睡，麻醉中枢神经，从而达到镇痛的效果。

吗啡的镇痛方式是麻痹中枢神经，如果药量使用过度，不仅痛觉神经会麻痹，心脏、呼吸系统也可能停止工作。所以在使用当中必须注意用量。此外，吗啡的麻醉效果虽然强烈，但只是一种镇痛药，使用它并不具备治疗效果。

因为吗啡的药物作用而陷入沉睡的时候，若是伤势恶化，伤者自己是无法将自身的情况告诉他人的。因此使用了之后必须要在身上做记号，让第三者知道自己使用了吗啡，在遇到伤势恶化的情况时能够及时救治。

吗啡和前文提到的磺胺都是从第二次世界大战时开始使用的镇痛药物，使用装有针头的管状注射器进行注射使用。针头的长度约 1.5 厘米，使用的时候插进大腿或者臀部肌肉上，将药物从针管中挤出即可。若是采取静脉注射的话，可能会因为药物循环过快而引发危险，因此在注射吗啡或者磺胺的时候，都是采取皮下注射的方式，让药物慢慢转移到血液当中。

在此类方便易用的镇痛药物问世以前，通常是使用烈酒作为镇痛剂，趁着伤者因为酒醉而意识模糊，反应迟钝的时候进行手术或者处理伤口。但是酒精会促进血液循环，可能会出现伤者失血过多而死亡的情况。

重伤士兵处理伤口的方式

主要成分：吗啡
原料：鸦片

鸦片是将未成熟罂粟果实烘干制成，使用时必须要在医生或者卫生员的指导下按照用法用量正确使用。

只能起到止痛的作用，没有治疗的效果。

在伤者被送到后方医院之前，用来阵痛。

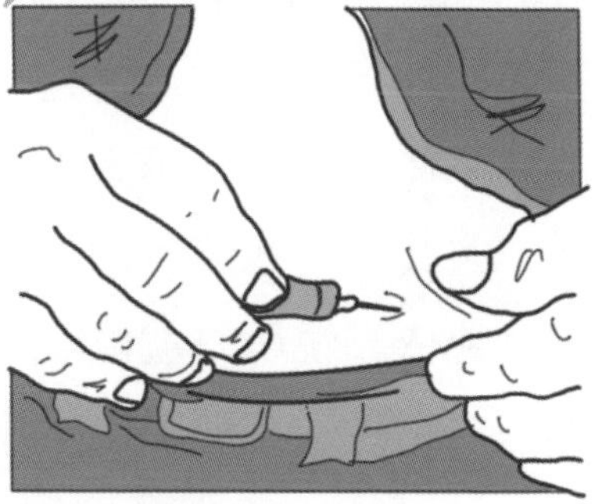

No.012 军用装备的使用说明书

许多军用装备使用步骤都十分繁琐，因此需要依靠难懂的说明书来说明使用方法。

说明书

由于军用装备的使用具有相当的专业性，因此在说明书中也充满让人头昏眼花的专业术语，加上长篇文字，读起来非常辛苦。对于一件装备而言，需要注意的事项十分繁多，但是制作说明书的时候又要在有限的页数中将各种事项表述清楚。

军队的装备一般都比较保守，大多是以往产品的改良品，所以一般都有人知道使用方法。因此可以直接由使用过同类装备的老兵教导新兵详细的操作方式和注意事项，比起一边阅读说明书一边学习如何使用装备的效率要高很多。很多说明书实在过于冗长，士兵一般都是在实在不懂如何使用的时候才去看看说明书。

要解决这些问题，就要在说明书的制作中下大功夫，保证只要按照顺序阅读说明书就能懂得该怎么做。如果战争一旦爆发，就需要大量的装备，同时也需要尽快培养出大量的技工和维修人员。然而技工和维修人员数量有限，不可能在所有的战场、所有的部队都配有足够的人员，一份完善的说明书在此时就非常重要。

因此，在制作说明书的时候，一定要把说明书的阅读对象当作什么都不懂的外行人来对待。这样即使是普通的士兵，也能通过说明书了解装备的具体使用方法，军方也能从中挑选出具有使用和维修装备能力的专业人才。尤其是一些装备的使用技巧和诀窍要依靠使用中的经验来发现，并不是单纯依靠说明书就能学会的。因此简单易懂的说明书能够培养一些技能熟练的士兵，有助于这些技巧和诀窍的不断传承。

按照说明书做的好处

美军说明书的特色

- 大量运用图解和插图，通过视觉上的刺激，以求简单易懂；
- 明确列出需要做的步骤和注意的事项；
- 按照使用步骤的顺序说明，按部就班阅读就能懂。

↓

把这种高质量的说明书分配给士兵

↓

培养出大量虽然不专精，但是能发挥一定能力的专业人员。

花费的时间比培养一个专精的技术人员要短很多

有的使用漫画人物来解说使用方法

美军说明书的表现方式

How to strip your baby（如何脱光你的宝贝），意为教会士兵如何拆除装备包装。

其特点是口语化、以常见的事物替换，并通过大量诙谐的语言和比喻说明。

No.013 所有士兵都配备手枪吗

士兵所使用的主要武器是射程比较远的步枪，现在主流的步枪是突击步枪。但为了避免弹药不足或枪械故障的情况，有些士兵会佩带手枪以防万一，那么是不是所有的士兵都会佩戴手枪呢？

手枪在战场上用处不大

对于在战场上战斗的士兵来说，武器越多，生存的几率就越高。一旦遇到弹药不足或者枪械故障的时候，士兵都想要多配备一把枪以防万一。但是大多数的军队通常是不会给士兵配备手枪的。

这是因为手枪的射程不足，在战场上用处不大。而主力武器突击步枪的射击距离最短也有 400 多米，战场双方的战斗都是以这种距离为前提的。

在手持手枪战斗的时候，距离要短很多，最长也只有 50 米左右，而且手枪的射击精度没有装有长枪管和枪托的步枪高。

在一些情势紧急的枪战中，手枪的战斗距离只有短短的几米，即便是这样，就算是接受过充分的手枪使用训练的人也不容易命中目标。虽说军人的职业就是打仗，按道理只要经过长期的训练就能解决射击精度不准的问题，但是对于军队而言，与其用威力和射程都不足的手枪训练，还不如加强在步枪方面的训练更为实在。

另一方面，如果给士兵都配备手枪会需要更多的经费，军方一般更倾向于用这些经费来训练更多的士兵，增加军队的数量，扩充军队的规模，这样反而更加合理。

以前士兵在弹药不足或者枪械故障而无法使用步枪射击的时候，通常会使用刺刀或者小刀作为最后的战斗武器，不过现在这种情况已经很少发生了。

士兵和手枪

前线和后方的不同想法

前线士兵

配备的武器越多越好；

万一步枪出现故障的话，能够当作备用武器；

这时候敌人靠近的话没有武器多危险啊。

后方的想法

与其训练使用手枪，倒不如加强步枪的训练；

手枪射程又短，威力又不足，用处不大。

当然，根据战争的规模和性质，战场上士兵受训程度的不同，是否佩带手枪也会根据情况而定。

No.014 美军士兵的“狗牌”是什么

“狗牌”是一种身份识别证，最早在美国南北战争的时候开始使用。最早的“狗牌”是类似硬币的圆形，大概在二战期间，美军开始使用现在这种长椭圆的“狗牌”。

用来确认死者身份的证件

“狗牌”是美军士兵佩戴在身上的身份识别证件，通常都是两枚为一组的金属片。因为挂在脖子上的样子很像狗的识别证，所以逐渐就被叫做“狗牌”了。

“狗牌”随着年代、军种的不同，多少有些不一样，但是都刻有姓名、识别个人身份的编号、血型等信息。第二次世界大战时美军的“狗牌”还刻有破伤风疫苗的接种时期、近亲家属的姓名地址等。

两块金属牌上所刻的内容是相同的，佩戴两块相同的牌子是为了在士兵阵亡以后，同伴能够取走其中一块回去向长官报告死讯。也就是说，战场上阵亡的死者，身上有两块牌子的是未确认的尸体，只有一片的则已经完成了阵亡报告。

由于战场上有些武器的杀伤力很大，因此死者的遗体不一定能保持完整，用金属牌确认死者身份是一种非常方便的方法。由于“狗牌”是用来确认战死者身份的东西，因此美军士兵在日常生活中不一定非要挂着“狗牌”，只有在上战场之前才会佩戴（不同军队的规定也有所不同）。

美军旧式的“狗牌”留有专门的缺角，可以用来撬开死者的嘴巴。此外，“狗牌”也不一定都是两枚一组，也有单片的类型。

单片的“狗牌”在中间部位有切线，可以沿切线折断，只取走下半部。上下两半都刻有同样的内容，只要拿走下半部分回去报告就可以了。所以单片和双片“狗牌”的实质是一样的。

“狗牌”

“狗牌”（Dog tag）= 身份识别证

真正的名字是“Identification Tag”

→ 用来识别士兵的个人身份

美军的身份识别证

姓名

背面刻有个人身份的识别号码

AR 正规兵

ER 预备役

NG 州兵

US 招募兵

O 将校

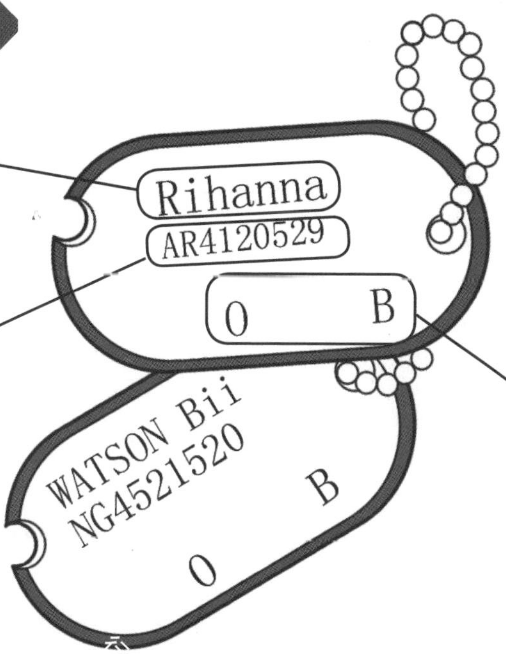

血型和宗教

C 天主教

P 基督教

J 犹太教

B 佛教

NP 不明

因为挂在脖子上的样子很像狗的识别证，所以逐渐就被叫做“狗牌”了。

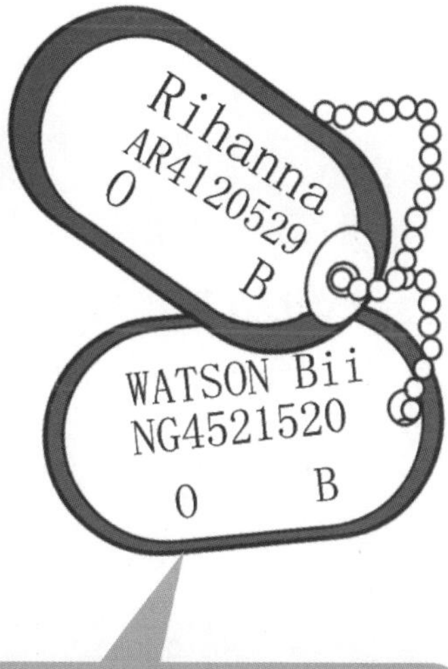

为了防止两片金属碰撞时发出声音，边缘会用橡胶包起来，或者装在透明的塑料套里。

专题：为什么军用装备被认为是“简单耐用”

一般人在提到军用装备的时候，都有着“简单耐用”的印象。军用装备能给人留下这样的印象，很大程度上在于军用装备的使用性能要比普通的民用品强很多。

那么，为什么同样用途的物品，军用装备要比民用品更加耐用呢？这是因为军用装备的使用环境一般都是战场，要比使用普通民用品的环境恶劣很多，在制造的时候就已经考虑到了这个因素。

在战场上，装备能否充分发挥效用甚至有可能左右战局的胜负。虽然在战场上为了把握时机，有可能在必要的时候抛弃装备来追击敌军，或者在撤退的时候放弃装备。但是这并不意味着可以因此降低装备的品质和耐用度。也就是说，军用装备必须要保证使用中发挥出最大的性能。

如果军用装备的耐用度、性能无法得到保证，不仅会影响作战和执行任务，士兵的性命甚至会因此而受到威胁。

另外，士兵不一定都很清楚装备的使用方法，因此，军用装备必须要保证即便是交给外行人使用也不会轻易被损坏。

军用装备的研发和采用，要受到许多政治力量的影响。由于财政预算、官员、政策方向等各方面的互相作用，军队所采用的不一定是最好的产品。前线的士兵需要适当改变使用方法，尽量让装备发挥出最大的性能。

由于装备的研发需要时间，因此在装备军队的时候可能已经是旧式装备了。装备军队以后想要再次更换需要花费大量的金钱和时间，因此在选用的时候会选择比较传统、性能稳定的设计。

遇上战争时期，装备的研发速度要比平时快上好几倍，在平时一些不被采用的具有争议性装备也会在此时装备军队。一些试验品甚至会在这时候直接投入战场进行测试，以便找出该装备的优缺点，便于后期对装备进行调整。这种情况下生产的装备是否还具备“简单耐用”的特点就不可而知了。

第二章

军　　装

No.015 军装是什么

军装（Military Uniform）是军人统一装备的制服，不管什么年代，合身、美观的军装都是军人形象最直观的表现。

统一的服装和统一的行动

军装——就是军队的统一制服，与足球、篮球运动员等团体身着同样的服装有着同样的目的，是为了在战场上能够通过服装直观地分辨敌我双方。

“与自己身着同样军装的都是战友，除此之外都是敌人！”只要能够清楚分辨军装，就可以避免出现误伤同伴的情况，而且能够迅速判断敌人所在。另外，身着同样的军装，能够让士兵产生统一的团队意识，从而提升整个团队的战斗力。

军装的另一个重要意义就是为了“与平民进行区分”。在古代，只有少数人能够参军。自从义务兵的思想出现以后，为了能够缓和人们对征兵的不满，服役的士兵一般会被赋予一些特权。军装就是其身份的象征和标志。

战场上，士兵所穿的各色野战服、迷彩服也属于军装。但是在普遍意义上，野战服、迷彩服更多地是被看作与步枪、头盔等同类的战斗装备，与常服（日常所穿的制服）往往被分开看待。

不过无论是作训服、迷彩服还是常服，都是军方经过统一设计、统一生产、统一配备的标准装备。通过一个国家、一个时期军装的质地、颜色和款式，不仅可以品评该时代的审美，还会体现出政治、军事、经济、科技等方面的内容。

世界上的军装大多数是绿色的，但在许多情况下，自然背景并非绿色，这就要根据当时当地的背景条件、灵活合理选择服装颜色。

在很多国家，军装都属于暂时“借”给士兵的装备，士兵在退役以后往往要归还给军队。

所谓军装

军装（Military Uniform）属于 Uniform 的一种

Uniform= 统一（Uni）的外形（Form）

各个团体用来区分与他人身份和所属团体的服装

和敌人做区别

- 由于军装外形不同，可以轻松与其他军队进行区别；
- 统一的服装能够对外造成压迫感；
- 根据军装的颜色和细节，能够分辨出不同的部队。

与平民进行区别

- 装备统一的军装明确军人的地位；
- 对平民行使权力的时候有辅助的压制效果；
- 可以意识到自己身份的不同，从而产生军人的责任感。

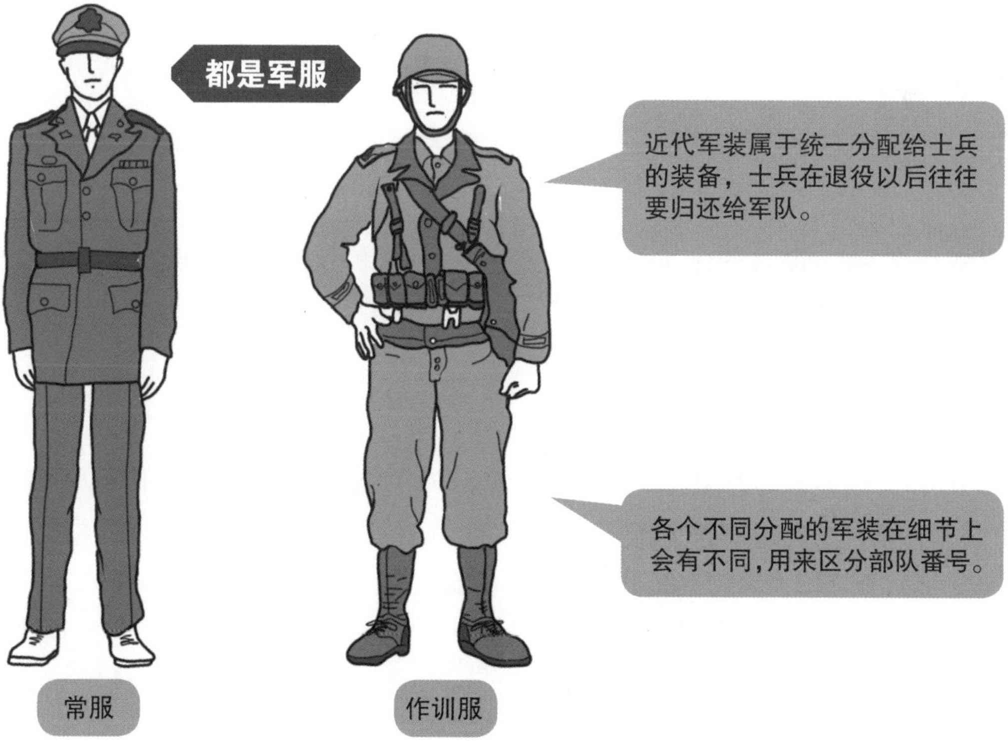

No.016 作训服有什么用

美军在第二次世界大战中开始采用一种宽松的野战外套，与裤子上下配套，产生了跨时代的作训服（野战服）。

从民品移植而来

近代以来，士兵所装备的军装都是如西装一般笔挺的制式服装（常服）。到了第二次世界大战时，美军开始考虑是不是应该将这部分经费节省下来。

因此出现了以民间的外套式服装来替代常服的想法。这样一来就能节省设计和开发新装备的时间和经费，而且只要有了服饰规格和材料，所有的服装厂都能将普通的风衣改造为作训服。

即便如此，也不能完全不经修改地将民间的风衣转用到军装中。比如在领子的部分改为立领、翻领、圆领等形式。另外，作训服与常服相比最为显著的特点就是“宽松”，并不是笔挺的贴身军装，因此无需像常服一样随士兵的体型修改，适用的范围更为广泛。

作训服最早有坦克兵、伞兵用的各种不同的衍生款式，最后在前线士兵的强烈要求下，对作训服进行了重新设计，形成了统一的款式。这款通用的作训服就是美军的“M1943 野战风衣”，相比于一般风衣，M1943 有许多改良之处。比如把袖口和腰部做成可收束的形式，提高了密闭性，防风效果更强；带有四个大口袋，能够增加随身物品的携带量；比较宽松，能够与其他防寒衣同时穿着；布料进行了改良，不容易破损，也更便于清洗等。

这类野战风衣投入战场以后，受到了士兵的一致喜爱，因此各国部队都开始生产和装备同类作训服。另外，为了能够更好地融入作战环境，作训服在不同军种，不同地域都有所不同。迷彩服也是作训服的一种。

野战风衣

原本的目的是要替代常服，但最终发展成为专门在战斗中和训练中使用的作训服。

野战风衣的特点

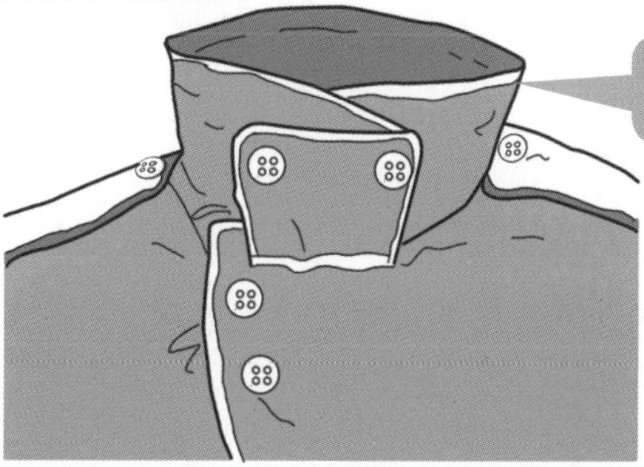

No.017 作训服的材质

由于作训服通常是在比较严苛的环境和严格的训练、作战中使用的，因此要保证无论怎样的使用方式都不会破裂，最为重要的要求就是耐穿。

化学纤维的使用

作训服最为重要的要求就是坚固耐用，不管怎样，作训服也是穿在身上的衣服，所以穿着起来的舒适度也不能忽视。

根据作战环境、作战特点的不同，作训服的性能要求也有所不同。

在高温潮湿的地方，作训服必须具备把汗水与湿气快速吸收排出的功能；而到了严寒的地区，则要保证不能让体温快速流失。

为了实现这些要求，作训服尝试过许多材质。早期的作训服使用的布料以棉为主，棉制品在空气中比较柔软，吸水、吸湿性比较好。但是强度有所不足，要达到足够耐用的程度只能增加重量。

因此后来的作训服改用棉 / 尼龙混合材料制成。这两种材质各占 50% 的材料，耐用度高，穿着起来也比较舒适。为了方便行动，作训服在运动比较激烈的部位会使用聚氨酯纤维之类的可拉伸材质，防止意外拉破作训服或者阻碍士兵活动。

在热带地区使用的作训服，会使用棉与人造丝等容易吸收湿气与水分的纤维制作，避免出汗以后衣服黏在身上。

保暖御寒的作训服会把纤维加工成中空或者十字形，让空气能够进入纤维的空隙中，形成空隙的材质是一种隔热保温材料。这种材料能够在很大程度上提高衣服的保暖效果，常常被用在寒带的作训服、飞行员的飞行服上。

各种不同的材质会根据作训服的不同要求搭配使用，让作训服的性能达到最优。为了防止作训服在拉扯中散开，会使用一种被称为“Ripstop”的防撕裂手法进行加工缝制。

作训服的布料

作训服材质的要求：

- 坚固耐穿
- 舒适

因此尝试过以下各种布料

早期：棉布	吸水、吸湿性高，比较柔软。
主流：棉 / 尼龙混纺棉布	把棉和尼龙混合，增加布料的强度。
局部：聚氨酯纤维等	用在运动激烈的部位，穿着起来更舒适。
热带：棉、人造丝等	能够吸收湿气和水分，保持舒爽。
御寒：隔热保温材质	在纤维之间制造空气层，防止温度散失。

把这些材质单一或者复合使用

目前，仍尝试各种新材质来制作作训服。

No.018 二战中就有作训服了吗

平时穿着笔挺的常服，在战场上改穿军绿色或者卡其色的作训服，这在现代军队中是很常见的。然而在二战以前，只有极少数的国家装备了作训服。

最早装备作训服的美、英两国

第二次世界大战以前，把常服和作训服区别使用的只有美军和英军。其他国家的军队在平时和战场上穿着的都是一样的军装。

当时的军装大多使用红、蓝、黑、金等比较醒目的颜色，性能上也不是为了野战而设计的。随着枪械的性能大幅提高，远距离狙击变得容易许多，显眼的军装很容易成为活靶子。

当时一些国家装备时尚感十足的军装，清洗和修补都不方便。在野外比较恶劣的环境中活动时，由于时间紧迫，往往顾不上清洗，由此给士兵带来一系列卫生方面的问题。

第二次世界大战中途参战的美军，首先将平时所穿的军装和战斗时所穿的军装分开使用。战斗中的军装被称为作训服、野战服，都是以坚固耐用、透气性高的布料制作而成，并且设计成便于在野外活动的样式。比如有许多口袋，能够放置更多的弹药、药品、食物等，而且便于携带和拿取。

作训服的颜色起初是以军绿色、卡其色等单色为主，后来出现的多种颜色相间，呈斑块状的形式。这种以色彩复合搭配、有助于融入四周背景的作训服即是迷彩服，是现代作训服的主流。

最早的迷彩服只能在视觉上融入环境，但是依然会被其他的探测装置发现。现在，出现了一些能够防止被热感应或者夜视装置等探测装备发现，并具有隔断红外线探测的布料制成的高科技作训服。

作训服（野战服）

二战以前的军服十分显眼

以前，为了在混乱的战场中分辨敌我，所以军服设计得十分醒目并具有特色。

但自从枪械性能提高以后，身着显眼的军装比较容易遭到狙击。

隐密性强、战斗性能高的军装产生了。

美国和英国最早使用作训服

作训服的特点

布料和缝制都很坚固；

保护色能够防止敌人轻易发现；

设计上以实用为主；

不需要在意脏污，可以专心战斗。

作训服的构成装备

- 头盔
- 外套
- 长裤

※ 上衣和长裤采用迷彩图案的是迷彩服

- 靴子
- 手套
- 周边装备（多悬挂在腰带上）
- 弹匣袋
- 刺刀
- 水壶
- 医疗包
- 防毒面具

※ 随着时代的进步，出现了防弹背心等装备。

平常穿常服，战斗中穿作训服的理念十分合理，因此二战以后，每个国家的军队都开始把两者分开使用。

No.019 迷彩服上的马赛克

所谓的迷彩服，是为了在战场上迷惑敌人视线，印制成保护色的战斗服。迷彩服的产生是由于士兵之间的战斗从刀剑、手枪发展到步枪远距离射击以后各国军队研发出来的。

分散视觉焦点的迷彩

以前士兵穿着显眼的军装是希望能够通过整齐、醒目的服装给对方带来压力，取得先发的优势。然而当枪械的性能提高以后，战斗的方式由近距离转变为远距离作战，显眼的军装很容易成为敌人狙击的目标，几乎是对方射击的活靶子。

战斗服就是考虑到在战场上伪装的因素，采用的颜色都比较低调，以卡其色、军绿色为主流。迷彩服也正是基于这种理念产生的。

绿色、卡其色的迷彩图案应用到作战服中，是第二次世界大战以后的事情。士兵身着迷彩服能够隐藏到草木当中，迷彩能够妨碍敌人轻易发现士兵所在的位置。

各国也一直都尝试制作各种色彩、图案的迷彩，在这个过程中产生了许多类型的迷彩，现在出现了一种以电脑制作的迷彩。

这种最新型的迷彩叫做数码迷彩（Digital camouflage），又称为数位迷彩或数字迷彩，是一种由“像素”组成的新式迷彩。这种新图案利用视觉心理学原理，从外观和理念上都与以往的迷彩有着很大不同，其图案类似于马赛克。能够适应多种环境背景下的隐蔽需求，主要针对丛林、沙漠及城市地区和夜视器材。

这种马赛克图案会由于观看角度的不同呈现偏绿色或者偏茶色，从而达到融入环境的效果。所谓融入环境，严格意义上并不是真正与环境、背景统一，而是把目标和背景之间的界限模糊化，使观察的一方难以分辨。马赛克能够同时做出水平、垂直方向的层次，提高模糊的效果。

融入背景

士兵的军装

↓

早期以显眼的颜色和造型来作为敌我识别的用途

↓

为了防止被狙击改为低调的色彩

↓

接着出现了融入背景的迷彩

↓ 然后

数码迷彩产生

使用电脑制作图案,用像素排列制作层次感。

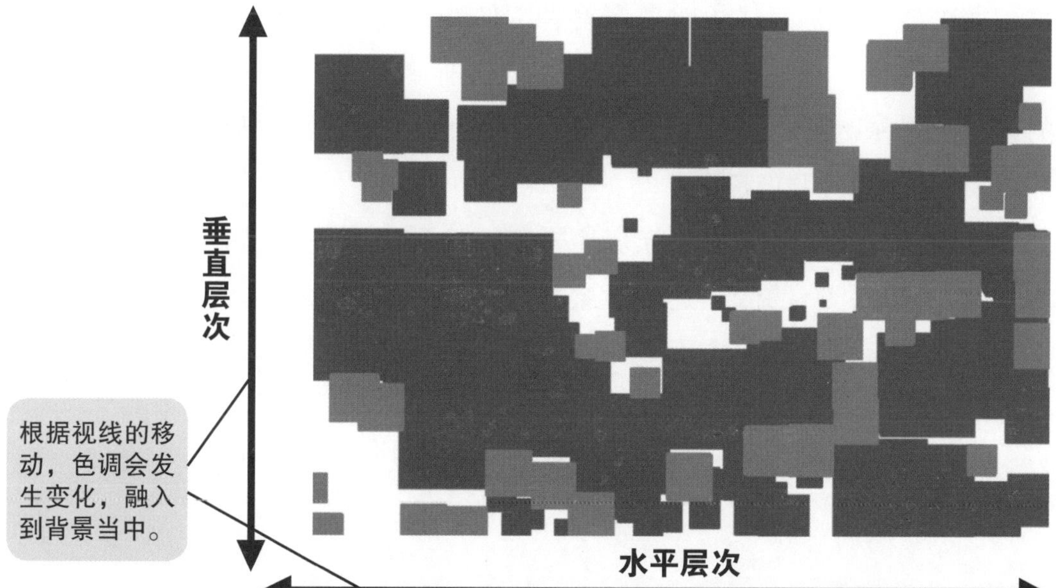

No.020 迷彩服上有哪些图案

迷彩的图案会根据战斗环境的变化有所改变，在各国军队中使用的各种迷彩图案中，最常见的就是丛林迷彩、沙漠迷彩。

根据图案分类

迷彩的图案称为“Pattern”，各国迷彩服的款式、材质都不尽相同，但是最为明显的区别还是迷彩的图案。

在所有迷彩图案中，丛林迷彩是最为主要的迷彩，以绿色、茶色、黑色为基本色。美军的 BDU（Battle Dress Uniform，战斗服的缩写）和英军的 DPM（Disruptive Pattern Material，迷彩材料）图案都属于这个系列。

德军和日本自卫队使用的是一种叫做“斑点迷彩”的迷彩图案。德国的迷彩采用的是茶色、黑色、灰色、黄色等颜色，日本则是以绿色、茶色、黑色、卡其色为主。有人认为斑点迷彩的设计源自于二战德军的“豌豆迷彩”，但尚无充分的证据证明这种说法。

一些比较有名的迷彩现在已经不再使用，比如美国的“猎鸭迷彩”和“虎纹迷彩”。猎鸭迷彩是第二次世界大战期间美国海军陆战队使用的迷彩图案，虎纹迷彩是越南战争时美军特种部队和亲美的南越军队所使用的老虎花纹图案。日本自卫队在使用斑点迷彩以前使用的是一种叫“叶纹迷彩”的迷彩，这种迷彩以灰色为基调，搭配绿色、茶色，随着斑点迷彩的采用，叶纹迷彩被称为旧式迷彩。

还有德军曾经使用的“分裂迷彩”，这种迷彩图案是直角的花纹，看起来像是碎片，有的分裂迷彩还会加上雨滴形的图案。非洲南部的罗德西亚（现津巴布韦）在单方面宣布独立时佣兵穿的佣兵迷彩，在国家改制以后仍然沿用的“佣兵迷彩”，即“罗德西亚迷彩”也很有名。

迷彩的图案

各国的迷彩服主要通过图案进行区分

著名的有

丛林迷彩

DBU 迷彩

DPM 迷彩

对应欧洲植被的花纹

斑点迷彩

日本陆上自卫队采用的迷彩

不再使用的迷彩

猎鸭迷彩（美国）

虎纹迷彩（美国）

分裂迷彩（德国）

罗德西亚迷彩（又称佣兵迷彩，津巴布韦）

No.021 BDU 和 ACU 是什么

BDU 和 ACU 是美军所使用的战斗服，通常我们称之为迷彩服。因为时代的不同，款式和细节都会变化，但是“好穿”是设计时优先需要考虑的事项。

美军的迷彩服

BDU，即 Battle Dress Uniform，是美军在 20 世纪 80 年代前后开始使用的战斗服。有以绿色为基调的单色、多色混合，对应森林草原的丛林迷彩、以沙色为基调，加入黑色、卡其色的沙漠迷彩，等等。所用的图案根据使用地区的自然环境以及植被的不同而变化。在沙漠地带所使用的 BDU，颜色与其他 BDU 有很大区别，称之为“Desert BDU（D-BDU）”。

BDU 迷彩的特点就是采用融入背景，不易被发现的图案。因此，就算是同样在森林地带使用的 BDU，色调和花样也并不固定，会根据国家、地域的不同而变化。

ACU，Army Combat Uniform 的缩写，陆军数字迷彩通用战斗服。是美军从 2004 年开始采用的新式战斗服，基本色调改为灰色，图案的设计概念与之前的战斗服有所不同，从“不易被发现”转变为“就算被看见，也不会在意”。

以绿色为基调的 BDU，多数在森林或者平原地带使用的战斗服；ACU 则设计成在森林、沙漠、夜晚、雪地、都市等所有环境都能使用的服装。

不过虽然如此，以灰色为基调的 ACU，最能发挥其价值的环境还是街头的巷战，在野外的话，还是 BDU 的效果更胜一筹。不管是 BDU 还是 ACU，都是以“明白如何正确使用”为前提设计的。

另外，口袋的位置、拉链的规格等也都会随着时代的发展进行改良。例如 BDU 采用的是纽扣式设计，而 ACU 则将这种设计改良为粘扣带的方式。

BDU 和 ACU

BDU=Battle Dress Uniform

根据使用地区的不同来设计图案，种类繁多。

ACU=Army Combat Uniform

设计上可以充分应对各种地形、环境，尤其适合巷战。

这些服装设计的首要考虑事项就是要好穿好用。在设计中会根据前线士兵的想法对设计方案进行不断改良和优化。

No.022 战斗服的腰带为什么比较宽

战斗服上的腰带被专门设计得比较宽大。这种腰带被称作“弹带”或“手枪腰带”，是用来佩戴手枪步枪的备用弹匣或者枪套等备用配件的。

能够携带装备的腰带

所谓手枪腰带，顾名思义，是能够佩戴手枪的腰带。由于还能够将步枪等枪械的备用弹匣以及其他物品挂在上面，也叫做弹带。

手枪腰带要比普通的腰带宽一些，因为手枪和备用弹药都有相当的重量，如果腰带太细，挂上装备或者拿取的时候可能会令腰带翻转影响携带和使用。

虽说腰带太宽的话无法将其穿入到裤子的腰带孔中，但是这并不影响使用。因为在战场上，将挂好装备的腰带系在衣服外面才更为合理，能够在战斗中轻松拿取装备。

也就是说，应该在一开始就把弹匣袋、水壶、刺刀、医疗包等战斗必需品挂在腰带上，在战斗的时候直接将整组装备套在裤子或者衣服上。

为了节省穿脱手枪腰带的时间，腰带扣的部分采用的是一押即开的形式。早期使用的是金属制成的钩形扣环，现在的主流则是树脂制成的插扣。

挂满装备的手枪腰带具有相当的重量，如果只是系在身上而不绑紧的话很容易就会掉落，但是绑得太紧又会因为不舒服而影响战斗。因此出现了类似支撑裤子的吊带装备，如此一来，腰带的重量可以由肩膀支撑，不需要将腰带系得过紧。这种组合的装备叫做“腰带组”。

手枪腰带通常有多排垂直排列的三个孔，中间的孔可以用来调整腰带的松紧，而上下两个孔则可以用来固定腰带或者弹匣袋。

手枪腰带和腰带组

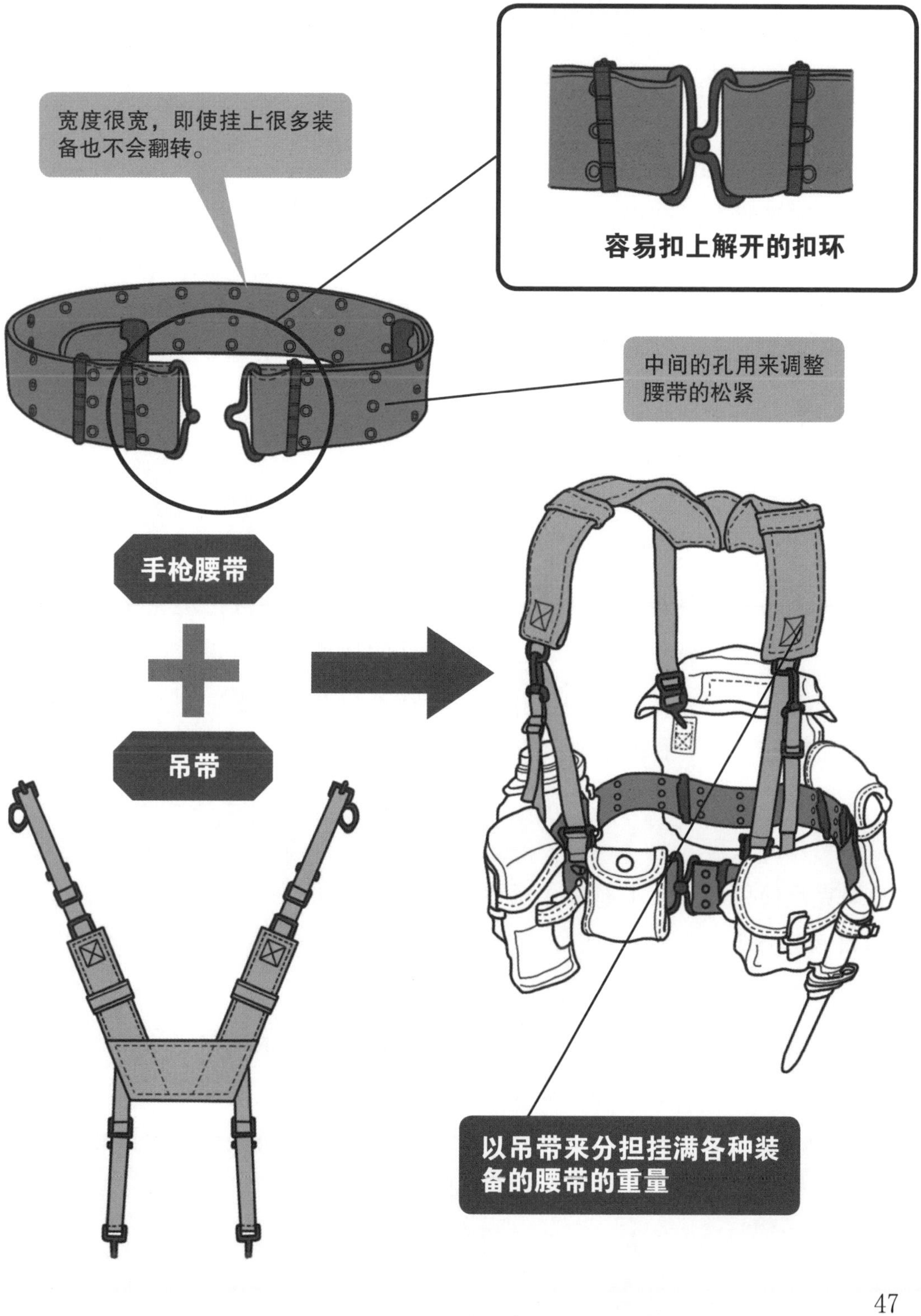
宽度很宽，即使挂上很多装备也不会翻转。
容易扣上解开的扣环
中间的孔用来调整腰带的松紧
手枪腰带
吊带
以吊带来分担挂满各种装备的腰带的重量

1
2
3
4

No.023 以前的坦克兵有专用的战斗服吗

坦克诞生与第一次世界大战，在第二次世界大战时为陆战的主角，坦克兵所穿的服装也和其他士兵有所不同。

Winter Combat Jacket

第二次世界大战初期，德军的“闪电战”让坦克的地位迅速崛起，成为了陆战的王牌。闪电战是第二次世界大战期间德军首先并且经常使用的一种战术，是以装甲部队为决定性力量，制空权为前提，先利用飞机猛烈轰炸敌方重要的战略设施——通讯中心，并把敌人的飞机炸毁在机场，取得制空权，并使敌人的指挥系统瘫痪。然后使用大规模坦克集群快速冲锋，彻底摧毁敌军因空军轰炸而混乱的阵地。

受到闪电战的影响，美国也迅速开发了坦克以及配套的装备。其中一项就是战车兵所穿的冬季战斗服——Winter Combat Jacket。

战车是一种需要经常整修的武器，在欧洲的极冷地区，坦克兵必须要做好随时到车外进行整修的工作，因此坦克兵的战斗服自然追求御寒性高，但在狭窄的战车内部又不能妨碍活动，保证在被敌方炮火击中引起车内起火的时候能够快速从狭小的车盖中钻出。

美军的坦克兵在坦克中穿的是一种名为Tankers（外套+连身裤）的服装，并戴着专用的头盔。

坦克兵使用的头盔上有许多透气的小孔，耳部设有能够接入车载对讲机的插口。另外由于车辆在前进时必须要时常探头到车外确认前进路线，所以保护眼睛不受风沙影响的风镜也是必备的装备。

坦克服（Tanker Jacket）虽然很受坦克兵的欢迎，但是没多久，和步兵通用的改良型野战外套就大量配备了，生产方式比较复杂的战车服被淘汰了。这是因为在当时，美军所考虑的立场是便于生产和装备，和质量比起来，能够迅速进行量产的野战外套就成为坦克兵的首选装备了。

战车服

制式名称是 Winter Combat Jacket，是坦克兵所穿的防寒服。

外套

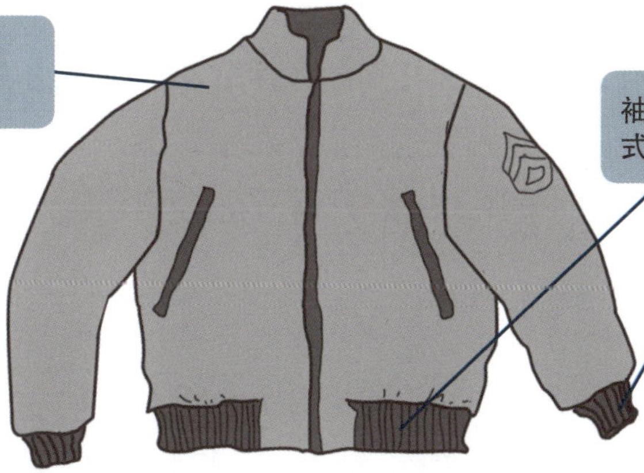

连身裤

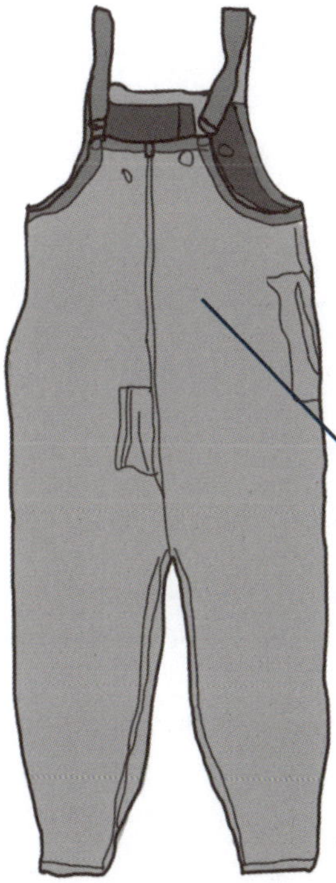

连身裤

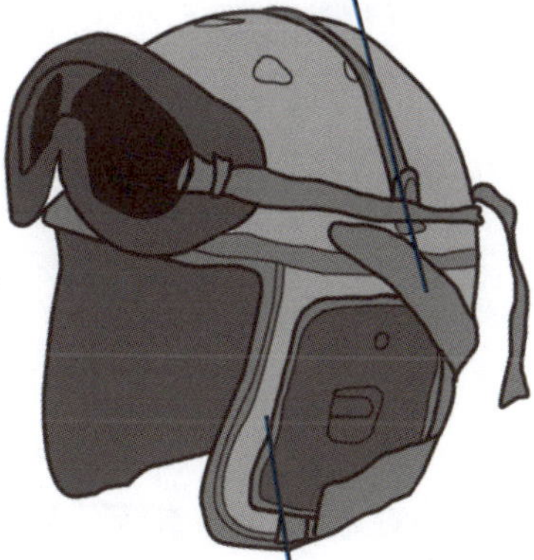

No.024 军装上佩戴军衔的位置是固定的吗

军衔是“区别军人等级的称号”，军衔将军人的荣誉称号、待遇等级和职务因素融为一体，使其兼有调整部队指挥关系和调整个人利益关系的两种功能。

衣服上的军衔符号

军装与普通服装最为明显的区别就是在肩部和领部缀有肩章或领章，标明军人的军事级别，这种级别就是军衔。在军队中，军衔是区别军人等级的称号，是国家给予军人的荣誉，一般分为将官、校官、尉官、士官和士兵5等，每级再细分数级。

其中军官军衔一般分将官、校官、尉官三等，每等再细分为数级，士兵军衔分军士和兵两等。有的国家在将官之上还设有元帅，在尉官与军士之间还设有准尉。军衔等级设置的数量，每个国家各不相同，最多的设二十多级，最少的只设十几级。

军衔的识别标志通常是徽章或者布贴的形式，一般缝在衣服的领子、肩膀、袖子等醒目的地方，根据佩戴的位置，叫做领章、肩章、臂章等。

肩章和领章上的军衔识别标志是为了让佩戴者的所属等级能够直观地表现出来，其形状、材质在各个国家的军队中都不同，也会随着时代的不同而变化。此外，平时所穿的常服和战斗时的战斗服的肩章、领章尺寸、设计、材质也大为不同。

在一些电影中，会看到影片中的人物在激动的时刻会直接将肩章、领章等撕下来的画面。事实上在以前，想要将牢牢缝制在衣服上的肩章、领章撕下来是很不容易的。后来，为了拆卸方便，肩章、领章等军衔识别标志改用粘扣带粘贴在衣服上，能够轻松地撕下或者装上。

军衔

日本陆上自卫队的肩章

一般而言，军衔上升以后，线和星星都会增加。

二等陆士　　一等陆士　　陆士长

※ 根据时代和国家的不同，不同军衔之间肩章、领章并不会改变形状，只改变颜色和星星、线条的数量。

军衔佩戴的位置

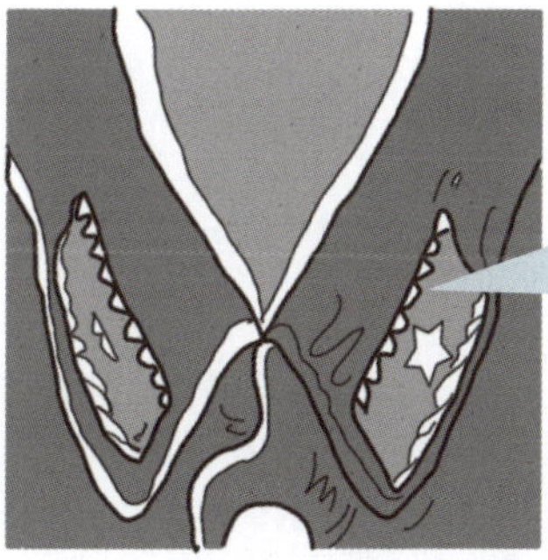

领章

缝在衣领部分的军衔符号

肩章

粘在肩部的军衔识别符号

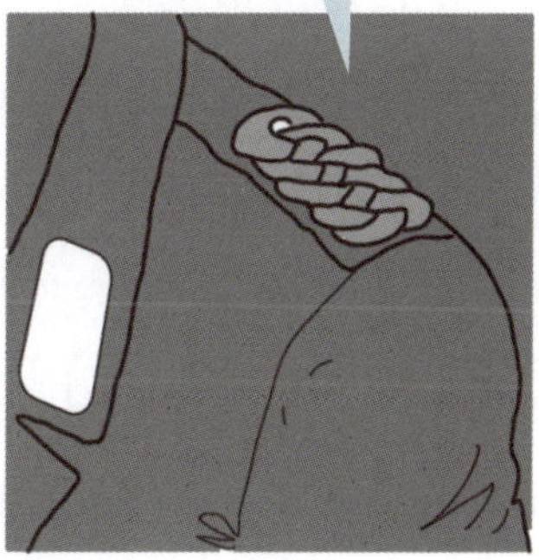

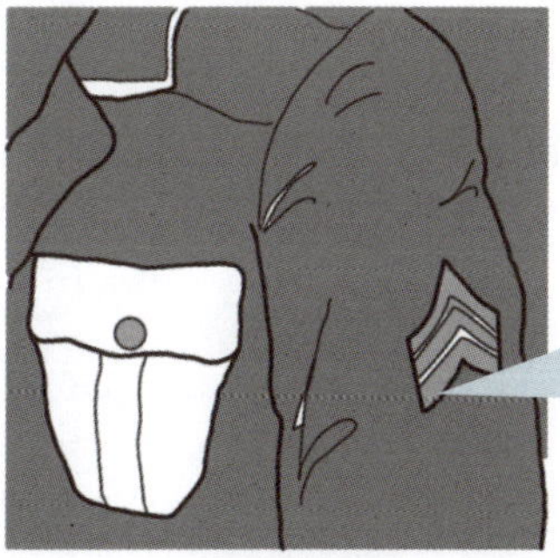

臂章

缝在衣服的上臂或者袖口部分

No.025 勋章

在军装的胸口常常佩戴勋章，对军人来说是非常光荣和自豪的事情。勋章的样式和大小不一，但是有一个共通点：只颁发给具有特殊贡献的人。

由高层决定是否授予

勋章是授给有功者的荣誉证章或者标志。军人的勋章（Order）通常是对军人在战场上特别优秀的表现做出的表彰，或者是对做了某些了不起事情的人的奖赏。一般来说，授予勋章的理由有：指挥军队给敌人造成了极大的损伤，或者是在困境中救出了极为重要的人物的英勇行为。

向军人授予勋章，能够提高受勋者的积极性，也能对政治宣传起到很大的作用。因此在一般情况下，授勋典礼都会被专门报道。受勋者的事迹被加以渲染进行宣传是很常见的事情。

在第二次世界大战末期，德国为了提高士气，授勋的标准变得十分宽松，甚至曾经向陷入苏军包围的德国士兵空投过铁十字勋章。这在战败前夕的国家是常有的事情，一方面希望能够提升士兵的士气，让士兵在战场上更加卖命；另一方面，也希望通过这种方式向本国人民宣传己方军队战绩昭著，让人民误以为会取得胜利。

目前在世界各国中，授予勋章的组织为政府，而受勋者多为文职和军职人员，但受勋者的身份依各国的奖励制度法令而有所差异。严格来说，勋章的样式和受勋者都以军职人员为多。而且，在法令中会明文规定受勋者身份、何种功勋可被授予该奖章及授予方式，并说明勋章等级、意义、规格、样式和正反面图案并规定其佩戴顺序、位置等，相当考究。比如，美国的“紫心勋章”是专门颁发给战斗中受伤或者死亡的士兵的，用以对这种战斗的精神加以表扬和补偿。

勋章的价值

戴有勋章的人都了不起吗?

授予勋章的理由

↓

理由 1：提高受勋者的积极性

表彰有能力的人，让他发挥更高的能力。

理由 2：让其他人学习受勋者

用以说明只要努力就能得到表彰,借此发掘有能力的人。

↓

战争时期大量颁发勋章的理由正如上述的理由 2

大规模地宣传，一方面提高己方士气，另一方面借此向地方夸耀实力。

美军授予受伤士兵的“紫心勋章”，有提高士兵战斗积极性和保障受伤者的双重意义。

No.026 军帽有哪些类型

军帽除了警察那样的大檐帽以及战斗时的头盔以外，还有许多种类。其中大部分都是重视性能的帽子。

军帽

军人的服装中包含了各种帽子，比如大檐帽、贝雷帽、头盔、迷彩作战帽等。美军有一种非常有特色的军帽——布什帽。

布什帽是越战期间美军装备的宽檐帽，能够防止在下雨的时候落在头顶的雨水阻碍视线，保证在下雨天也能顺利地进行战斗。另外，它还可以保护头部免遭烈日暴晒，在不戴的时候可以揉成一团塞进口袋。

布什帽原本是士兵自行准备的装备，由于其在雨林中作用明显，后来便成为制式装备“Boonie Hat（雨林帽）”分配给士兵使用。它还有探险帽、战斗帽等叫法。

与野战服配套使用的是野战帽。野战帽的材质一般都与野战服相同，是在不戴头盔的时候戴的帽子。为了美观，让帽子保持一定的形状，帽子中会穿入钢丝之类的固定物撑起帽形。野战帽携带也很方便，在不戴的时候可以折起来夹在腰带上。

和常服配套的帽子一般都是大檐帽，即常帽，它也是平时士兵戴得最多的帽子。军队的仪容也是整个军队精神面貌的一部分，因此就算是非战斗时期，士兵也必须佩戴军帽，注重仪表，可是每天戴着大檐帽似乎不够方便，因此就出现了一种小巧的军便帽。军便帽的含义与常帽相反，是为了方便而采用的。

还有一种叫做识别帽的军帽，它的外形看起来就像是普通的棒球帽，只能在军队的驻地使用。识别帽会根据自己部队的特点来选择颜色和设计细节，并且会印有自己军队的标志，能够提升士兵的责任心和凝聚力。

军队的各种帽子

布什帽

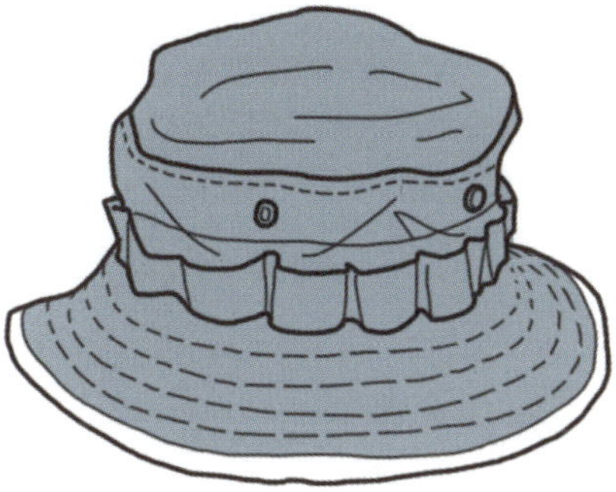

- 带子有橡胶制成，可以用来夹住香烟等小物品；
- 颜色有单色、迷彩等种类。

野战帽

- 为了让帽子看起来比较有型，会在帽子里加入钢丝来固定形状；
- 在没有头盔的时候，与野战服一起佩戴；
- 颜色有单色、迷彩等种类。

军便帽

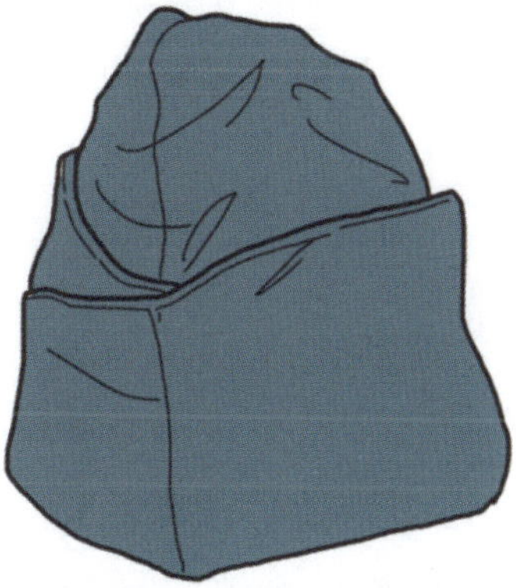

- 也叫做“船帽”，主要是在一些场合替代常帽佩戴。

识别帽

- 在驻地内使用，能够体现各个部队的特点；
- 一般都会有部队的标志之类的图案；
- 后部有调节尺寸的调整带。

No.027 贝雷帽的戴法

从美军著名的特种部队“绿色贝雷帽”的名字就可以知道，军队和贝雷帽之间有着很深的渊源。贝雷帽已经不单单是一种装备，而是一种精神寄托。

向左戴还是向右戴?

贝雷帽的材质一般采用毛料或者无纺布等布料，帽缘有柔软的皮边，是一种造型简单的无边帽。

据说特种部队最早采用贝雷帽是在1754~1763年英法之间进行的法国-印第安人战争（French and Indian War）中。当时英国的非正规部队“罗杰斯游骑兵（Rogers Rangers）”戴着贝雷帽作战。

第二次世界大战以后，贝雷帽开始被越来越多的国家采用。贝雷帽构造简单，材料便宜，因此被广泛接受。

最早将军用贝雷帽列为制式装备的是英国。二战前英军就已经广泛佩戴贝雷帽，对二战期间流亡到英国的欧洲各国产生了巨大的影响。

贝雷帽的戴法有两种。大多数国家采用的是将贝雷帽向右倾斜，左侧露出徽章的英式戴法。还有一种戴法是将帽子向左倾斜，右侧露出徽章的法式戴法。

随着时代的发展，在战斗中为了更有效地保护士兵，更多的国家都选择让士兵在战斗的时候佩戴头盔。但是仍有一些英国特种部队为了发扬传统，即便是在作战中也会佩戴贝雷帽。

贝雷帽的颜色各不相同，各个国家都会根据自己的特点进行规定。比如特种部队佩戴绿色贝雷帽，战车部队佩戴黑色贝雷帽，而空降作战的伞兵则佩戴红色贝雷帽。诸如此类按照贝雷帽颜色划分部队番号或者兵种，将普通士兵与精英士兵区分开来的情况很多。这种佩戴特殊装备（贝雷帽）的做法，能够刺激部队的精英意识，同时也希望通过贝雷帽来刺激士兵，强化部队的凝聚力和活力。

贝雷帽的戴法

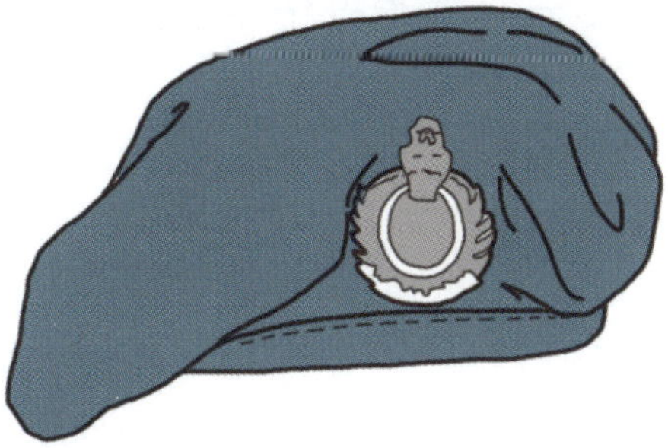

英式

向右倾斜，左侧露出徽章。

法式

向倾左斜，右侧露出徽章。

贝雷帽的颜色大多依照军种的不同来决定

例如第二次世界大战时的英军

空降作战的伞兵部队 = 红色贝雷帽

突击作战的特种部队 = 绿色贝雷帽

- **佩戴特殊装备能够刺激士兵的精英意识**
- **可以作为强化部队凝聚力的象征**

No.028 军靴有什么特点

军靴的要求很简单，就是保护在长时间行军或者战斗中过度使用的士兵的脚，避免过于疲惫而降低战斗力。各国也陆续开发一些新的技术来不断改良军靴。

坚固舒适的军靴

对于军队的士兵，尤其是步兵而言，长时间的行军是不可避免的。虽然现在已经实现了机械化移动，也就是步兵可以乘坐装甲车或者卡车在战场上行进，但是这并不意味着步兵可以不用走路了。

军靴最大的效用就是在士兵激烈运动的时候能够缓和地面传来的冲击力。同时还要具备防滑的功能，可以牢牢地抓住地面，保持身体的稳定。

在行进的时候，脚尖和脚跟处是发力关键。如果这两个地方不够坚固，走路的时候就会不稳，对长时间的行军徒增不必要的疲劳。另外，军靴的靴底十分厚实坚固，能够保护士兵的脚不被尖锐的石头或者玻璃碎片等刺伤。总而言之，靴底部分的结构设计和耐用程度都是制造军靴时不可忽视的地方。

如果说军靴只是为了方便行动，也不必造得这么坚固，普通的运动产品慢跑鞋或者帆布鞋就够用了。但是由于军队所在的环境往往比较恶劣，常常会有碎石、沙子、甲虫等东西掉进鞋里，影响士兵活动。因此军靴都比较高，可以盖过脚踝。这样的设计还有另外一个用处，就是较长的靴帮能够固定脚踝，降低扭伤的风险。

但是，覆盖的面积太大也会带来另一个不足，就是汗水很难从靴子中排出，导致脚部过于闷热，影响舒适度，甚至还可能会增加脚部的疲劳。因此在穿着军靴的时候，一定要注意透气，要不然很容易感染上足癣。

战场上专用的靴子

军靴的特点

- 可以缓冲运动时地面传来的冲击力；
- 靴底经过专门设计，具有很强的稳定性；
- 合脚又不会磨伤皮肤，穿着舒适度很高。

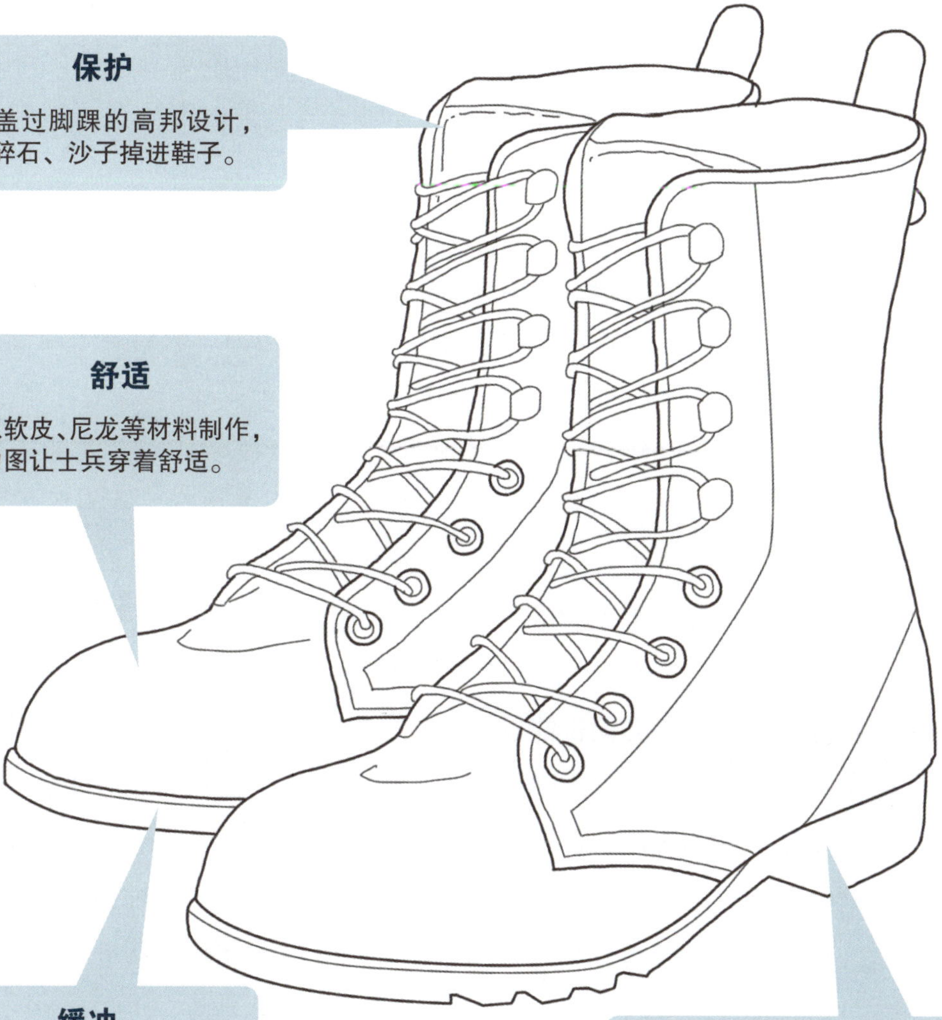

No.029 军靴能替代雨鞋吗

军靴的高度和雨鞋差不多，有人就会想是不是军靴也可以像雨鞋一样能够淌水呢？实际上军靴为了透气，在制造时留下很多缝隙，防水性并不强。

防水性并不强

军靴和雨鞋的高度差不多，都是覆盖到脚踝以上的鞋子。但是为了增加穿着的舒适度，军靴在制造时专门留有一定的缝隙用来透气，因此不能取代雨鞋的功能。而且军靴原本就是为了在山地、荒漠等地带行军而制作的，因此并没有考虑到防水的问题。

军靴的的靴底采用橡胶制作，刻有许多沟槽，其作用和轮胎上的花纹相同，是为了增加靴底与地面的摩擦力，让士兵在经过湿滑的地面时不会滑倒。从某种意义上来说，军靴靴底的设计和雨鞋一样，都是为了应对雨天而设计的，但是由于防水性不强，所以还是不能和雨鞋相提并论。

一直到 20 世纪 90 年代以前，军靴都是采用全皮制作，因此如果靴子弄湿以后不加以仔细保养，皮革就会硬化、龟裂而不能再穿。军靴保养的方式与其他皮鞋相同，将靴子表面的泥土等脏污清理以后用鞋油打磨即可。

全新的军靴很硬，穿起来也不舒服，在用鞋油擦鞋以前要用软化防水油将皮革软化。新兵入伍以后需要接受专门的军靴保养指导，这种做法一方面是为了整顿军容，另一方面也能够延长靴子的使用寿命。

现在的军靴都是使用更高性能的材质，可以在各种环境中使用。例如由柔软的防水皮革和 GORE-TEX 制造的新型军靴，不仅具有相当的防水性，穿着的舒适度也比以往的皮靴要高很多。还有的军靴会使用一种叫做“Coolmax”的材质，可以把靴内的水分排到外面，其干燥速度要比棉布快 6 倍。

军靴的防水性能

靴子有很多缝隙，无法取代雨鞋。

如何才能提高防水性

↓

不可能！军靴本身是为了保护脚踝和防滑而制造的，并不是为了防水。

↓

将靴子弄湿以后要注意保养

注意

- 必须要替换干袜子
- 要时常给靴子打上鞋油保养

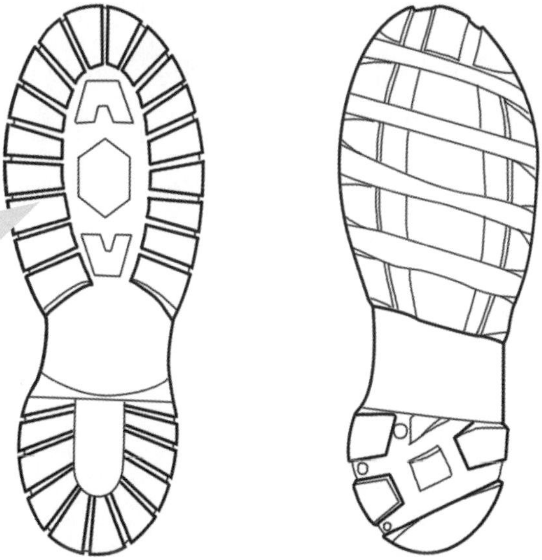

靴子地步的沟槽与汽车轮胎上的花纹作用一样，是为了增加靴底与地面的摩擦力。

No.030 丛林靴靴底有铁板吗

美军在越战期间专门设计了一种特殊的军靴，能够帮助士兵在茂密的雨林中行走，其底部经过专门的特殊处理。

防湿气和陷阱

皮制的军靴虽然具有很高的舒适度，并且能够保护脚部，但是也有非常明显的缺点。它并不适合在热带雨林之类的高温潮湿环境中使用。

这是因为皮靴在进水以后无法将湿气散出，而士兵如果长期穿着潮湿的靴子，就会患上足癣。虽然足癣看起来并不起眼，但是绝不能轻视。形成足癣的真菌具有很强的繁殖能力，一旦被感染就会变得越来越严重，到最后甚至连走路都成了问题。皮靴进水以后再晾干就会硬化，原本舒适的皮靴可能会把脚磨伤。

在越南战争中，美军还要防范北越军队设下的陷阱。

丛林靴正是为了适应这种作战环境，为了提高透气性和对抗陷阱的能力而专门研发出来的产品。为了对抗陷阱，在靴底中加入了金属板，防止铁钉等直接刺穿橡胶靴底伤及士兵。

为了方便在潮湿的雨林环境使用，靴子也不再采用全皮制作。靴子上半部改为帆布制作，这样即便是靴子湿了又干，也不会因为皮革硬化而磨伤皮肤。靴子上也增加了更多的排水孔，可以迅速将靴子中的水排出。同时，在靴子内混用了棉花之类的材质，使靴子穿起来既舒适又透气。

同时，在原本使用鞋带绑束的基础上增加了拉链设计，可以迅速穿脱军靴。士兵可以迅速脱掉靴子，晾干脚部。这也是最原始但是最基本的预防足癣的方法。

丛林靴

为了高温潮湿的环境专门研发出来的靴子

重点 1：提高透气性

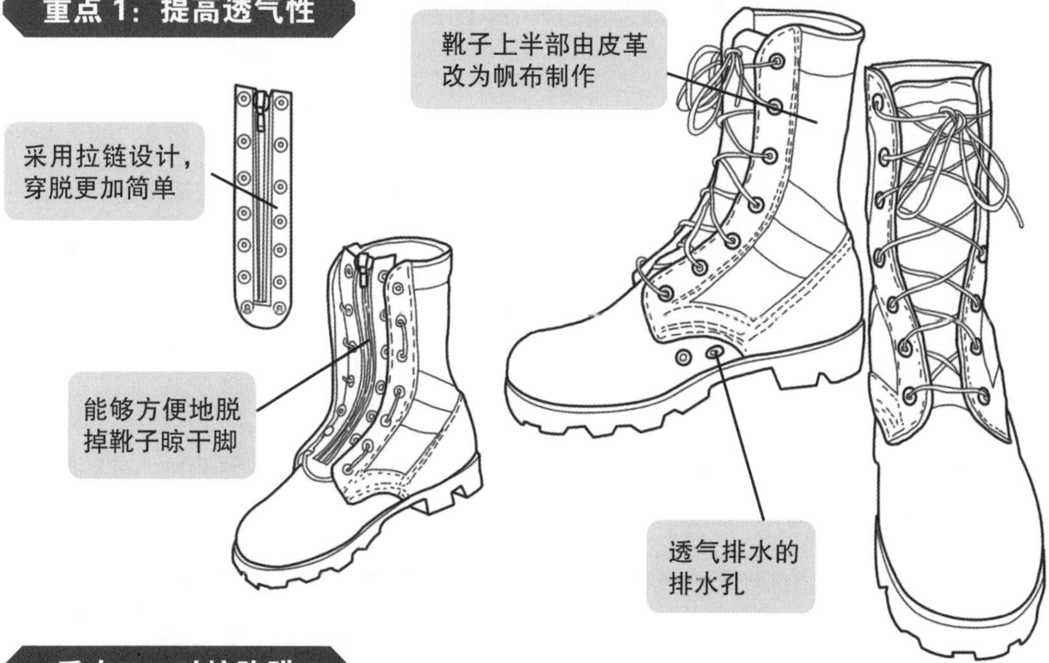

重点 2：对抗陷阱

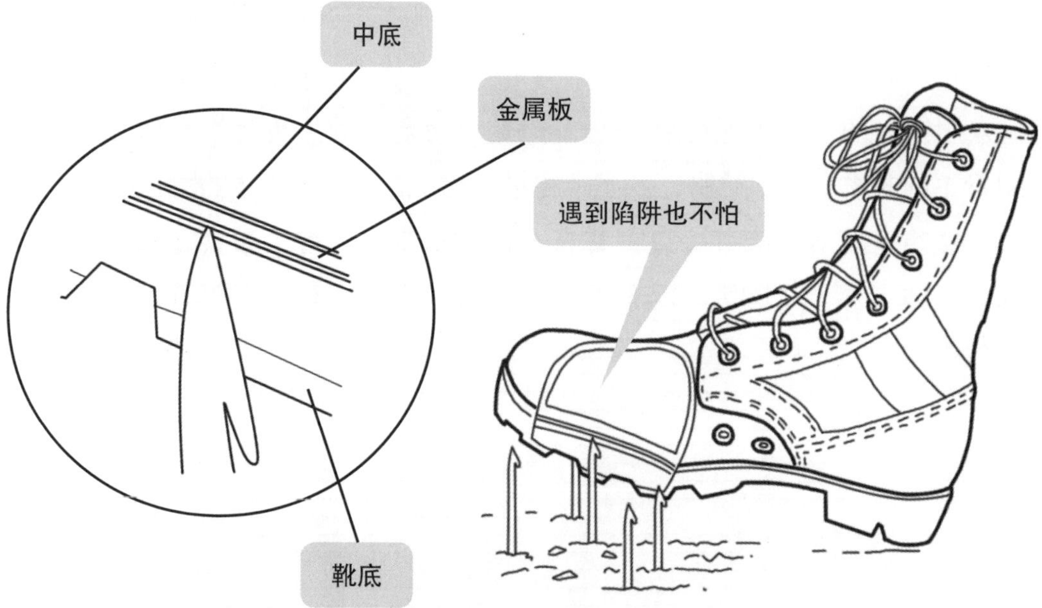

No.031 以前军靴的靴底都有钢钉

军靴有一个非常重要的性能就是防滑，在采用打上花纹的橡胶靴底之前，唯一的防滑方式就是在靴底打上钢钉。

各种防滑设计

在描述以往战争的影视作品中，我们常常可以看到穿着军靴的角色上场的时候会传来“喀！喀！”的响声，这种声音似乎并不是现在的橡胶靴底所能发出的。

现在的军靴采用各种合成纤维和皮革混合制造，而以前，制作军靴的材料只有皮革这一种。具体的做法是将数片皮革缝制成靴子的形状，然后与靴底缝在一起。为了减缓靴底、鞋跟等部位的磨损，靴底多采用数张硬皮重叠制成，而且在靴底打上用来防滑的钢钉。我们在影视作品中听到的“喀！喀！”声正是钢钉敲击地板的声音。

随着合成橡胶的普及，靴底开始使用橡胶制成，橡胶可以自由加工成各种形状，靴底也被加工出凹凸不平的沟槽，用来防滑。

第二次世界大战时，美军首先生产了大量橡胶制靴底的军靴配备军队。将融化的橡胶注入打造好的模具中，就能批量生产出大量低成本的靴底。

当时，除了美军之外，其他国家的军队仍然使用的是装有钢钉的靴子。

采用钢钉的军靴虽然能够防滑，但是因为金属的热传导性比较强，在沙漠中行军的时候会感到烫脚，到了严寒的地带又会导致脚部热量的散失。

在这些地区不应该直接穿着装有钢钉的军靴。通常士兵会在靴子外部穿上套鞋，或者穿上比脚大一号的靴子，在靴子中塞上棉花、麦秆等物来提高隔热效果。

靴底的变化

以前的军靴靴底都是用硬皮革制作，要防滑的话只能在底部打上钢钉。

以前的靴底

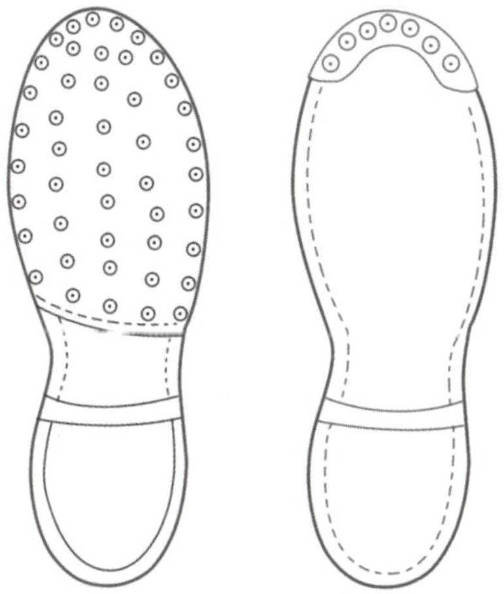

布满了防滑的钢钉

现在的靴底

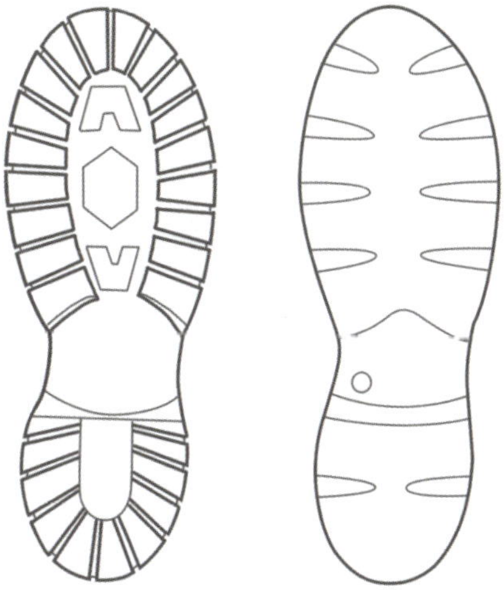

以凹凸的沟纹取代钢钉的作用

套鞋

经过防水加工的布制靴子，套在军靴外部，能够提高隔热效果。

No.032 防割手套真的有效吗

手套是用来保护手部或者御寒的物品。手套的种类很多，有棉制、皮制、以及各色花纹的样式。特种部队的防割手套就算直接抓住刀子也不会被割破。

用 Spectra 纤维制成的特殊手套

在战斗中，保护好手部是保证战斗力的重要前提。如果手部受伤的话，不仅无法使用武器，就连穿脱装备都成问题。从保护手部的角度来看，拥有顶级性能的 Spectra 手套是保护手部的绝佳物品。

Spectra 是由联信（Allied Signal）公司（现已被霍尼韦尔公司（Honeywell）收购）研发的一种特殊纤维，是由超高分子量聚乙烯聚合而成的高分子纤维，主要应用在防弹背心上。

Spectra 纤维重量很轻，在防弹、防割方面的能力比凯芙拉更强。Spectra 纤维制成的手套除了可以在白刃战中作为防御的用途，在特种部队攀爬绳索或者空降的时候也可以用来保护手掌不被绳子割伤或者摩擦灼伤。Spectra 手套对刀刃的切割有着很强的防御力，但是对于垂直方向的捅刺防御力并不强。

相比之下，一般的棉质手套又有什么用途呢？军用棉质手套和民间的白色手套没有多大区别，只不过颜色是军绿色的。这种手套在进行精细作业时容易脱落。

比起作战，棉质手套更多用在挖洞或者搬东西之类的粗活中。其优点在于材料便宜、造价低廉，可以用完就丢。而且左右双手的手套可以互换，就算丢了一只也能轻易重新凑成一双。

除了防割手套之外，特种兵还会装备其他功能全面、类型众多的军用手套。比如为了方便活动的露指军用手套，适合在严寒环境中作战的极地手套等类型。

各种高性能的手套不仅能够保护士兵的手部，还能帮助士兵在严苛的环境当中保持战斗力，是必不可少的装备。

军用手套

作用在于保护手部

Spectra 手套

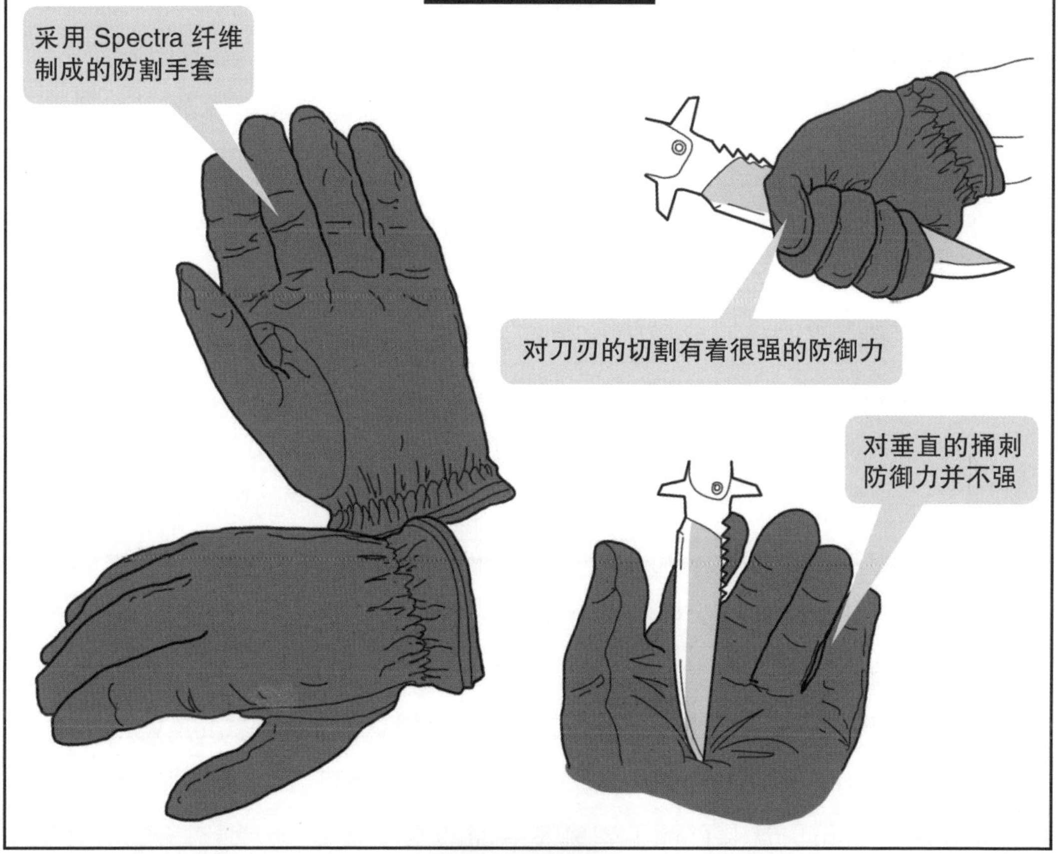

棉质手套

No.033 最早的军用外套是风衣吗

现在象征着时尚和潇洒的风衣起源于军用外套。在第一次世界大战中，战斗多是发生在泥泞的战壕当中，所以防水耐穿的外套成为军队的必需品。

战壕中必备的防水外套

战壕是战斗双方对峙的时候挖掘的深沟。战斗双方的士兵隐藏在深沟中相互攻击的战斗方式被称为战壕战。第一次世界大战中，协约国和同盟国双方在许多战场上都处于长期胶着状态，战壕战也是主要的战斗方式。

为了对抗欧洲大陆的严寒气候，英国首先制造了一种保护士兵在寒冷与潮湿环境不被侵袭的外套。由于这种外套被广泛应用在战壕战当中，因此被称为“Trench Coat”，战后迅速流行起来。

风衣的前身要追溯到布尔战争中使用的“Tielocken Coat”，这是一种无扣式外套。Tielocken 是用带子绑起来的意思。知名服装生产商巴宝莉（Burberry）在这种外套的基础上装上了可以垂挂物品的 D 环，并在袖口加上了可以防止冷风灌入的束带，改良成为风衣（Trench Coat）。

风衣一般是穿着在军装的外面，因此胸口和袖子的尺寸都比较大。将袖口的束带束紧以后可以防止冷风灌入，领口也设计有叫做“Chin Warmer”的带子，作用和袖口的束带一样。在腰间缝有口袋盖，但是在盖布下面没有口袋，只有一个开口，可以从开口伸手到风衣下面的军服口袋。

最早的风衣是谁生产的可谓众说纷纭，不过巴宝莉用“华达呢”面料制作防水外套和雅格狮丹（Aquascutum）制造的防水外套 20 是风衣的真正始祖，这两家服装公司奠定了风衣诞生的基础。

多功能外套

风衣（Trench Coat）是集大衣（Overcoat）以及雨衣（Raincoat）为一体的一种外套。

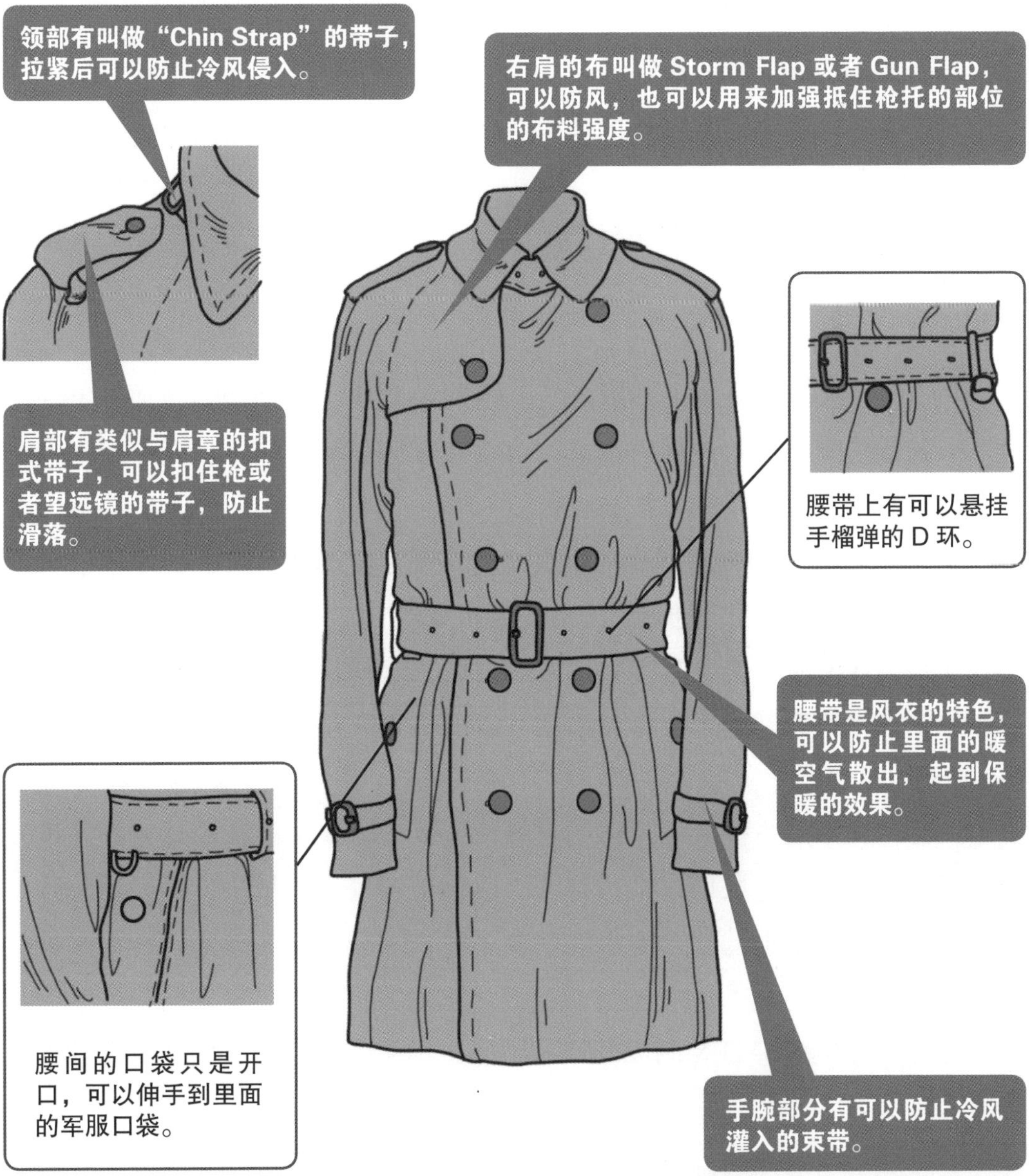

风衣的原型是在 1900 年前后设计出来的，在一战中得到普及。

No.034 可以透气的雨衣

即使下雨，士兵也不会使用占用双手的雨伞。因此必须穿雨衣或者雨披类的雨具，这类雨具虽然可以防雨，但是穿起来十分闷热。

高科技材料 GORE-TEX

一般在军队中使用的雨具都是雨衣或者雨披，但是由于这些雨具都不透气，穿着起来十分闷热。

为此，就需要一种既能够防止雨水渗入、具有很强的防水性能，又要具备让内部的水蒸气散去的透气性能材料。前文中我们提到过的“GORE-TEX”正是这样一种材料。

一般的纤维经过防水处理以后虽然也能够防水，但是倘若施加一定的压力，水分依然能够渗入纤维内部。GORE-TEX 则不同，它不仅具有很强的防水效果，就算是施加压力，水分也无法渗入。

这是因为 GORE-TEX 纤维内部具有许多比水分子小，但是比水蒸气分子大的洞，可以保证水蒸气通过，水分则会被隔绝。

GORE-TEX 原本是民间开发出来的材料，起初被用作户外运动用品以及雨衣上，大受欢迎，后来被军方采用。GORE-TEX 不仅可以用在雨具上，在防寒外套、野战服、军靴、手套上也常被采用。

GORE-TEX 是一种呈薄片状的材料，可以与防水性很高的尼龙等纤维混合使用。表面的尼龙层可以把水弹开，以保证湿气及时散去，提高透气性。所以一旦尼龙层受损的话，防水性就会下降，水分会积在表面，令水汽难以及时散发。

因此，用 GORE-TEX 制成的产品不能过于粗暴地使用，此外，这种采用了纳米技术的高科技产品成本很高，所以通常不会配备给所有的部队。

GORE-TEX 制成的雨衣

所谓 GORE-TEX，是一种同时具备防水性能和透气性能的新型材料。1976 年由 Wilbert L. Gore、Rowena Taylor 与 Robert W. Gore（Wilbert L. Gore 之子）共同发明的防水透气性布料，被广泛用于御寒及登山的户外服装上。

GORE-TEX 雨衣构造

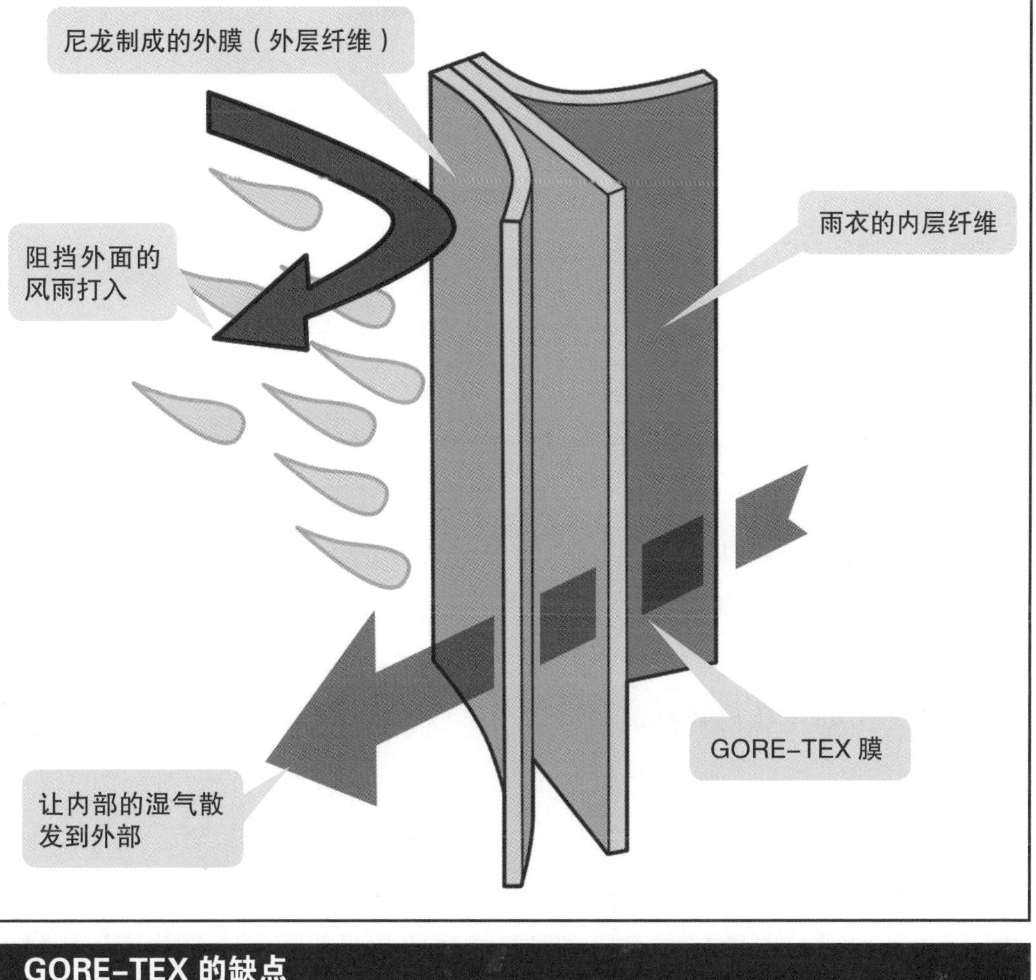

GORE-TEX 的缺点

- 使用时不能太粗暴
- 是高科技产品，价格比较高

No.035 雨披可以当作伪装装备吗

雨披是由防水布料制成的挡雨衣服，敞开式，没有衣袖。原本是南美洲人用来御寒及作为雨具的传统服装，现在是“套头型外套”的总称。

多种用途的雨披

雨披（Poncho）一词在西班牙语中是外套的意思，现在则是“套头型外套”的总称。

作为南美洲人传统服装的雨披，大多是御寒性很高的毛织品，现在则多由特制尼龙或者 GORE-TEX 制成。因为雨披折叠后几乎不占用空间，所以也被用在背包等打包的用途上。

雨披是从雨衣延伸发展出来的一种产品，与雨衣相比，雨披采用敞开式设计，没有衣袖，直接从头上套下去，穿戴十分简单，尤其适合应对突如其来的暴雨。就算在不下雨的时候，也可以当作简单的防风、御寒装备来使用。

除此之外，雨披还可以作为士兵、装备的伪装道具来使用。特别是有兜帽的雨披，可以把头部与身体间的界限隐藏起来，在枪战和侦查时能起到伪装的效果。就算被敌军看见，只要不被敌军认出人影，就能免遭敌人攻击。

当雨披用做伪装道具的时候，在其表面涂装上迷彩能达到更好的隐身效果。在战场上，即使晚一秒被敌人发现，都有可能起到非常巨大的作用。

一般的雨披尺寸是以双手张开的长度为基准的正方形或者三角形。把雨披盖在掩体或者战壕上方的时候，可以当作伪装网使用。此外，有的雨披在抱膝而坐的时候可以卷起来，起到很好的防风效果。还有一种将两块雨披结合起来能够制成简易的帐篷。

可以是雨衣，也可以用来伪装

把这块布披在身上

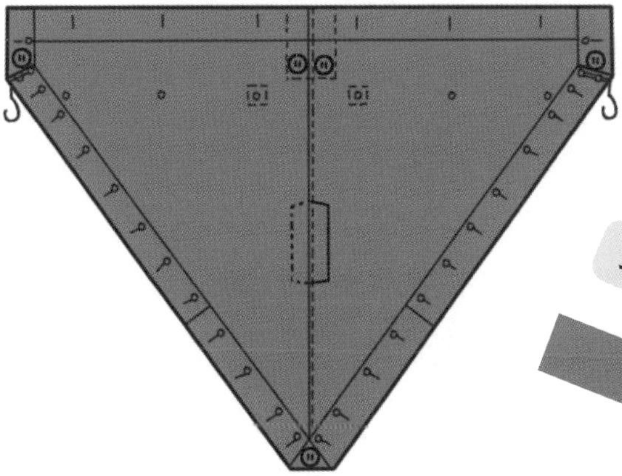

变成雨披

也有戴着兜帽的类型

雨披的优点

- 生产成本低；
- 穿着简单；
- 能够隐藏身体之间的界限，具有伪装的效果；
- 可以专用成打包材料或者野营时的垫布。

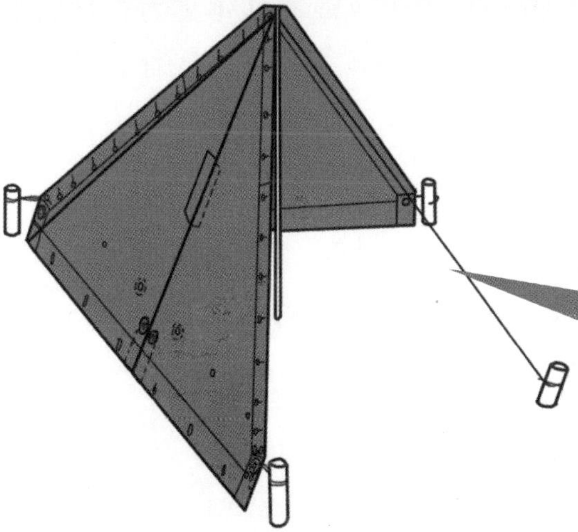

把多件雨披组合在一起，可以搭成简易的帐篷。

No.036 防寒服有哪些种类

军人有可能会在任何环境中战斗，尤其是在极为寒冷的地区，士兵就需要穿着防寒服来御寒。

有空气夹层最佳

一提到天冷时用来御寒的衣物，大部分人立刻会想到外套。在第二次世界大战以前，几乎所有国家的军队都没有专门的战斗服，外套只有平时套在制服外面的普通外套以及战斗时穿的野战用防寒外套两种。

在野外进行战斗的时候，如果外套的加厚布料吸到水和泥巴，会变得十分沉重，令士兵行动不便。而且，防寒外套是以把暖空气保留在布料中的方式来御寒，一旦外套沾上泥水，就失去了御寒的效果了。因此，在第二次世界大战以后，防寒外套只有在后方的时候才会穿。

战斗服普及以后，士兵会在里面穿上毛衣御寒。毛衣有高领和背心等类型，大多都是从民用品转用而来的。由于毛衣是穿在军装下面的，因此对于颜色并没有明确的规定。

防寒手套，在一般的手套内部缝有毛料的保暖夹层，这种手套虽然防寒效果很高，但是由于穿戴上以后无法扣扳机，因此会将食指与其他手指独立开来。有的士兵更喜欢穿戴带有保暖夹层的半指手套。

防寒帽，士兵在头盔底下会戴上毛制的针织帽御寒。针织帽有可以折叠的部分，拉下来以后可以盖住耳朵，也可以当作野战时的军便帽使用。第二次世界大战后期，军绿色的野战帽得到普及，针织帽逐渐消失，但是同款式的帽子至今还有人戴。

防寒外套、防寒手套、防寒帽等防寒装备都是以针织品和毛料为主，现在以聚酯纤维做成的人造毛料也很受欢迎。这种人工毛料轻巧便宜，可以水洗，而且又能够防火。

防寒衣

为了御寒，必须把各种防寒衣穿在一起。

防寒外套

外穿的防寒衣服

毛衣

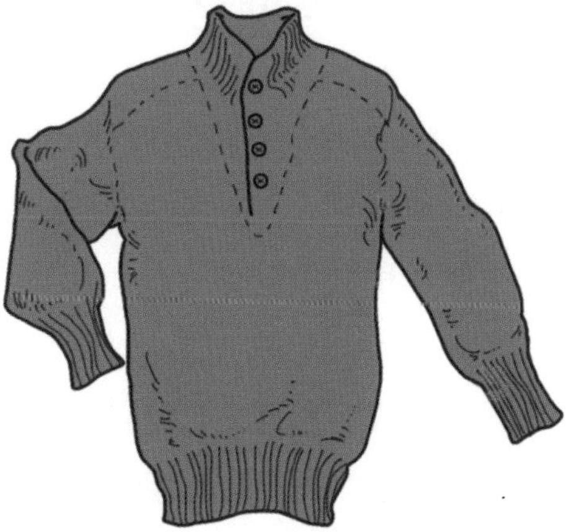

穿在战斗服下的防寒衣物

防寒手套

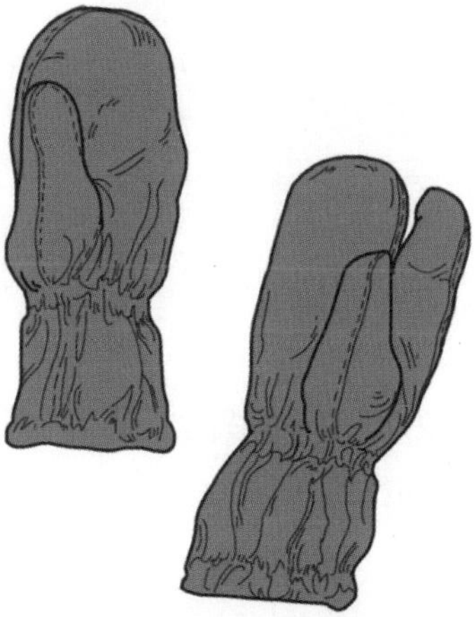

食指被独立出来以便扣扳机

针织帽

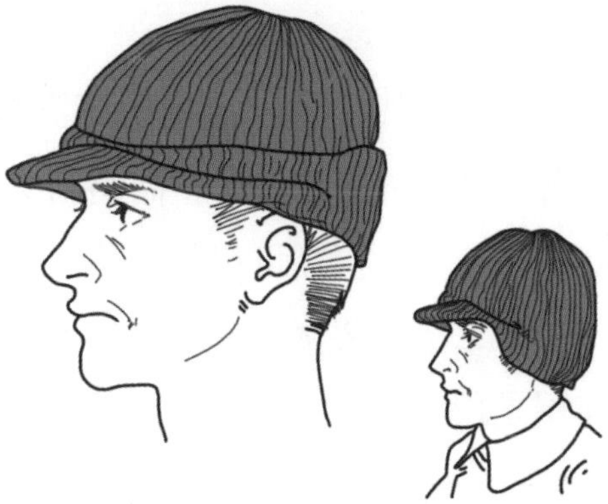

可以下拉盖住耳朵取暖

No.037 飞行员需要穿戴哪些装备

飞行员驾驶飞机的时候所穿的服装是一种类似于连身服的装备，叫做抗荷服，这种装备是为了在剧烈的加速动作中保护飞行员而设计的。

抗荷服和飞行员的装备

抗荷服是为了保护飞行员在驾驶飞机的时候不受急速俯冲或者攀升等剧烈动作带来的压力影响而设计的服装。在空战的俯冲和攀升时，由于高度和气压的迅速变化，飞行员需要承受巨大的过载耐力。能否承受住这种压力，并且让视野和思维保持清醒，决定了空战的胜负。

特别是在加速的时候，过载作用会导致血液向下半身转移，流向脑部的血液减少，使飞行员产生“黑视症”，暂时失去知觉。抗荷服可以向飞行员腹部和下肢加压以提高抗过载的能力，由发动机压气机或其他气源引来的气体，经抗荷调压器向抗荷服的气囊充气，气囊膨胀，拉紧衣面，对腹部和下肢施加压力。这种对抗压力能阻止血液在正过载作用下向下半身转移，从而保证头部的循环血量。

在近乎真空的高空环境中，人体内的血液会沸腾，体内的气体会因为压力过低而膨胀。在高空飞行的时候，因为气压很低，会使呼吸器官、消化器官、鼻、中耳等部位产生障碍，如果不进行加压，保持稳定的气压的话，飞行员就无法活动。

直升机、战斗机、运输机等飞机的飞行员还会戴着“飞行头盔”这种特制装备。飞行头盔能够保护眼睛与头部，可以用无线电和同伴进行实时对话，在高空飞行的时候还可以提供氧气。

在第二次世界大战的时候，还没有飞行头盔，飞行员戴的是飞行帽，主要作用是用来御寒。当时的飞行员会佩戴风镜，没有氧气面罩。

飞行员的装备

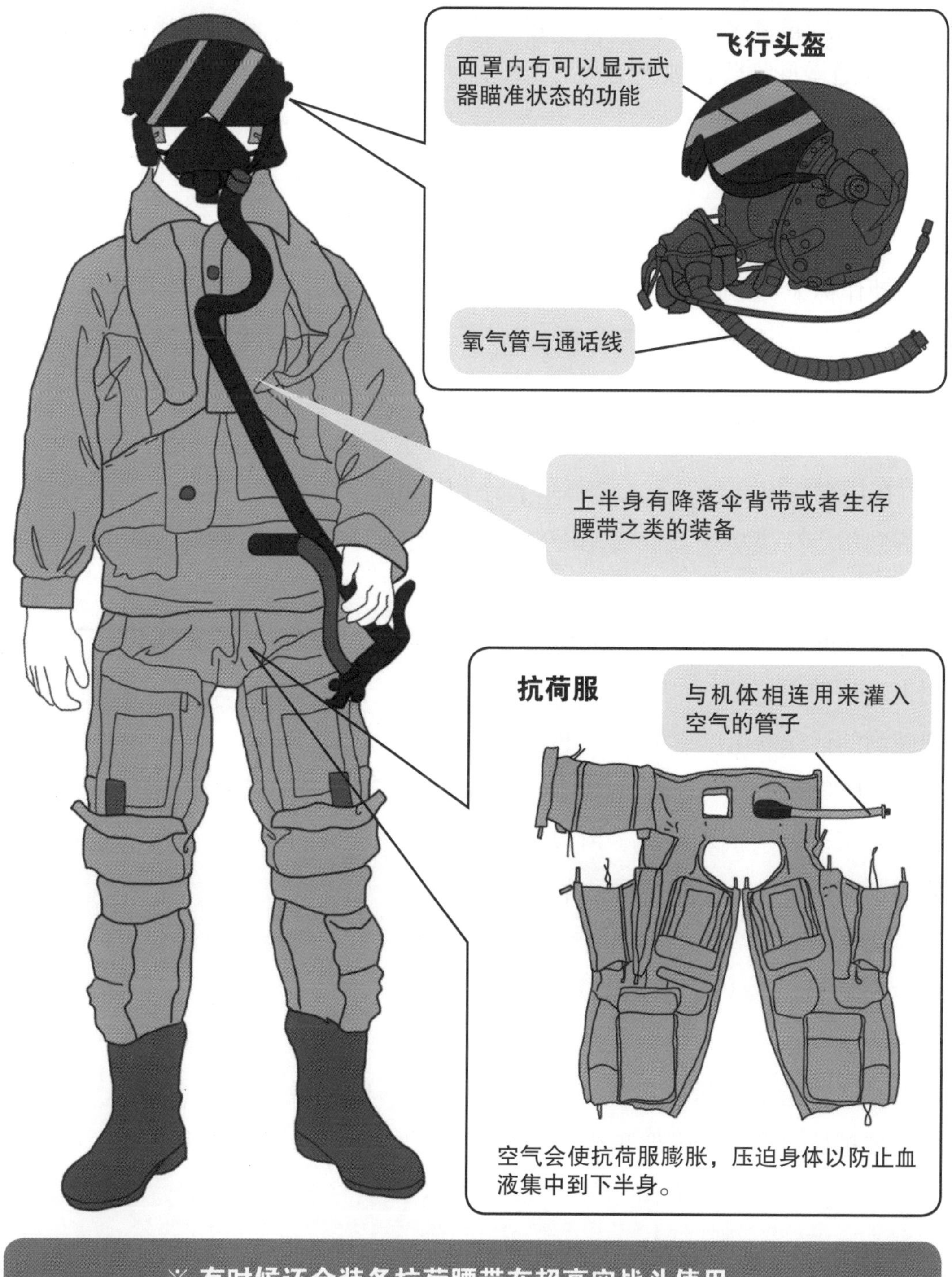

※ 有时候还会装备抗荷腰带在超高空战斗使用

No.038 伞兵跳伞时需要哪些装备

通过降落伞从飞机上直接降落目标区域的战术称为“空降”。因为空降通常是降落在敌人的势力范围，所以都要有熟练的空降部队与空军一起合作作战。

伞兵装备

空降所需的特殊装备很多，而且在使用前需要专门的长期训练。打开降落伞的动作称为“开伞”，大约在750米的高度通过拉开拉环的方式打开降落伞。

降落伞打开以后会非常显眼，从很远的地方也能清楚地看到，因此很可能会遭到来自地面的攻击。为了应对这种状况，会推迟开伞的时间，采用不容易被敌人发现的“低高度开伞”（在300米左右）。

在用来空投物资的无人降落伞上，会有和高度计连在一起的自动开伞器，降落到指定高度以后就会自动开伞。这种装置有时候也会装在有人的降落伞上。

常见的降落伞有方形和圆形两种。方形伞比圆形伞要容易操作一些，使用也比较简单，滑行能力比较强。但是因为空气会在伞间流动，如果伞面出现破洞的话，发生事故的危险性也比圆形伞更高。

圆形降落伞的安全性虽高，但是操作性能不好，着地时的冲击力也比较大。由于圆形伞制造成本更低，所以在降落危险度较低的地区，或者不需要精确降落的时候，还是会使用圆形降落伞。

伞兵与降落伞之间通过背带连接，这种背带一般会固定住胸、腹、脚等部位的关节，在着地以后可以轻松解开。

从高空降落的时候会有相当的重力，如果这些重力集中在身体的某个部位的话，会造成骨折或者挫伤。此外，开伞时的冲击力也不可小视，所以背带需要把压力平均地施加在士兵全身，让冲击力不至于集中在身体的同一处。

降落伞的类型和空降装备

方形

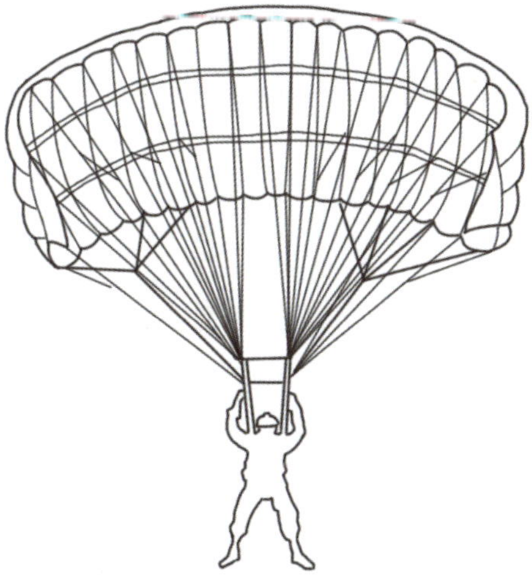

- 滑行能力比较强；
- 降落精确度高；
- 若破损，容易发生事故。

圆形

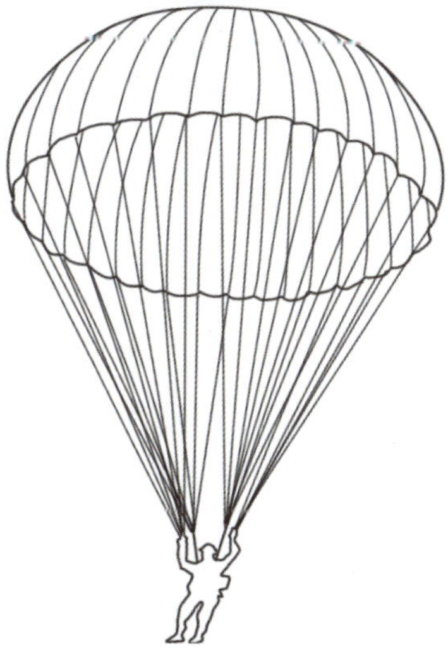

- 安全性高；
- 成本较低；
- 降落精确度差。

降落伞背带

No.039 狙击手的吉利服是什么

狙击手是在远处狙击敌人的特种士兵，狙击手进入狙击状态以后，注意力会完全集中在目标身上，无法及时应对对方的反击，因此必须要穿着让敌人难以发现的特制战斗服。

怪异的吉利服

狙击手为了能够一次就命中目标，会将注意力完全集中的狙击上，因此对身边的情况警戒性并不高。另外，为了提高命中率，会采用伏击的姿势，所以在遭到敌人攻击的时候很难马上做出及时应对。

为了防止这样的情况出现，狙击手会尽量避免被敌人发现。因此在伪装方面会花费大力气。随之产生的狙击手专用的伪装服就是——吉利服。

吉利服实际上就是一件装饰着树叶、草木的绳条外套，这些绳条长15~50厘米，通常弄成泥土色。完整的吉利服包括帽子、上衣和裤子，由多达一千多条绳子或布条构成。这些布条有三个作用：分割人体轮廓、模拟自然植物、为伪装服提供三维外观。吉利服能有效地分割人体轮廓，将其融入自然背景中，达到隐身的效果。

在吉利服出现以前，狙击手会摘取潜伏地周围的草木树叶，插在伪装网或者帆布上进行伪装。

穿上吉利服以后，露在外面的脸部会显得格外醒目，因此必须要仔细地在脸上涂上与吉利服色调一致的油彩进行伪装。同时，在狙击步枪和望远镜上也要缠上同样色调的布条，其作用是为了破坏步枪的线条轮廓。

尽管吉利服的伪装十分有效，但在许多情况下都不方便使用，比如都市或者沙漠当中。整套衣服的构造也很笨重和闷热，吉利服内部的温度常常会超过50摄氏度，与周围的温差太大，很容易被红外线探测装置发现。

隐藏于树林中

吉利服可以分割人体轮廓，融入背景环境当中。

专题：女兵军装

在现代军队中，许多国家都有女兵，但是在二战以前，女性想要当兵是非常困难的。各个国家在这方面都有一定的重男轻女思想。

第二次世界大战爆发以后，出现了不少的女兵部队，但是偏见和谣言并没有减少，军方也对女兵能否胜任表示怀疑。直到后来许多女兵非常完美地完成了交付给她们的任务，女兵部队的规模才开始逐渐扩大。

至此，女兵自然也有了军装的需求。之前的女兵就算是在军队工作，基本也是文职人员，并不需要穿着军装。加上军装是军人身份的象征，不被当作正规军看待的女兵自然没有穿军服的权利。

早起的女性军装与男性一样，只是按照常见的尺码批量生产，无视女性服装中特有的问题（胸围和臀围）。服装设计师虽然熟知这种差异，但是军方人为生产的便捷和节约布料要比合身舒适更为重要。

因此，当时的女性军装与男性军装一样，都是采用上下同宽的H型造型，除了大小不同，其他方面并无差异。

现在各国的女性军装都已经针对这点进行了改良，采用收腰身的X型设计，让女兵在威武之中表现出一些秀美。

与军装相比，战斗服在早期就已经有了女兵专用的野战外套。款式虽然也和男兵的一样，但是左右襟是相反的，胸线也根据女装的标准进行了修改。

总而言之，随着时代的发展，女兵地位的提高，在女兵服装也开始花费了心思去制作了。

第三章
个人装备

No.040 个人装备的发展

自从设立了军队，统一了士兵的行动以后，士兵装备的规格化程度也越来越高。尤其是进入现代以来，运输工具的发达，军队的行动范围迅速扩大，这也影响了装备的发展。

日益复杂的装备

在古代，军队主要来源于农民，装备往往也都是自己准备，因此武器和装备十分混乱，并不统一。当士兵职业化以后，军队的组织日益成熟，所用的装备也开始变化，由国家统一打造。

经此以后，装备的种类逐渐增加。在战争中最为直接的目的就是打败敌人，因此武器是必不可少的。但是与此同时，还需要大量的其他装备。

首先，在行军的过程中，士兵、马匹需要的粮草就要提前备好，正所谓兵马未动，粮草先行。需要的被褥帐篷，换洗衣物也不可缺少。

到了近代以后，随着武器的发达，所需要的装备也更加繁多。挖掘战壕的铁锹、防止毒气攻击的防毒面具、受伤时急救用的医疗包、防寒的手套、以及雨具等等。

为此，如何有效地携带越来越多的装备也开始被提上了日程。对于士兵个人来说，出现了将装备集中配备在腰带周围的腰带组，后来进化成为各种战术背心或者 MOLLE（Modular Lightweight Load-carrying Equipment：模块化轻量负载装备）系统。再加上军靴功能的日益强化，背包也逐渐改良，从很大程度上减少了搬运装备的精力。

在装备进步的同时，装备的材质也进行了许多尝试。从棉布、皮革、金属等自然材料发展成为尼龙之类的化学纤维，后来还出现了凯芙拉、GORE-TEX 等高科技材料。各类装备的穿戴方式以及用途在第二次世界大战以后变化不大，但是在制作材料上取得了长足的进步。

个人装备发展的历史

士兵的装备

以前是大家胡乱地使用自己的装备，军队的组织日益成熟以后，规格开始统一。

在装备统一的过程中

↓

种类增加

- 铁锹
- 防毒面具
- 急救包
- 防寒装备
- 雨衣等

战争的不断发展，军队日益大规模化，装备的种类也日益增加。

穿戴方法的变化

- 腰带组
- 战术背心
- 模块化轻量负载装备

为了能够有效地携带日益增加的装备，尝试了许多方法。

材料的进步

- 从皮革、棉花等天然材料发展到
- 尼龙等化学纤维
- 凯芙拉、GORE-TEX 等高科技材料

即便是同类装备，因为材料的不同，性能差距也很大。

↓

装备的材料、性能等仍在不断进行改良

No.041 个人装备的穿戴方式

手枪、水壶、急救包、备用弹匣等装备都是战场上必不可少的，为了方便取用，会直接佩挂在身上各处。

通过钩子或者夹子固定

第二次世界大战以前，士兵所携带的装备都是佩带在吊带和手枪腰带等组合而成的腰带组上。

佩挂的方式也基本相同：一种是穿带式，用腰带穿过装备的腰带环；或者是用装备上的金属挂钩勾在腰带的挂孔上的挂环式（Eyelet hook）。这两种方式都能将装备牢牢地固定在身上。

腰挂式的佩带方法方便简单，但是有一个缺点，装备会在腰带上前后滑动，很难固定在同一个部位。而挂环式虽然能保证装备位置的固定，但是想要进行细微的调整却比较困难。

正是由于这两种方式都有所不足，因此产生了“Alice Clip”这种固定装备的夹子。Alice Clip 是一种滑扣式金属夹，可以把装备牢牢地固定在腰带的任何部位。而且比起一般的夹子，Alice Clip 经过强化处理，在使用中很难生锈、变形。到了 20 世纪 70 年代，还出现了树脂制的 Alice Clip，使用更加方便。

20 世纪 90 年代，一种叫做“Interlocking Attachment”的连锁式固定装置。Interlocking Attachment 可以把装备直接佩挂在背心或者背包上，使用非常方便。Interlocking Attachment 装置可以通过专门的转换零件或者名为“Malice Clip”树脂夹子来固定装备。

这种装置在美军的 MOLLE 系统上被广为采用。MOLLE 与一般的腰带组或者吊带相比，不是在“线”上佩挂装备，而是将弹匣、手雷等装备固定在整个背心上“面”上。

这种方式的出现使得随身可携带的装备数量大大增加，佩带的位置、角度也可以自由选择。

装备的固定方式

随着时代发展而不断变化

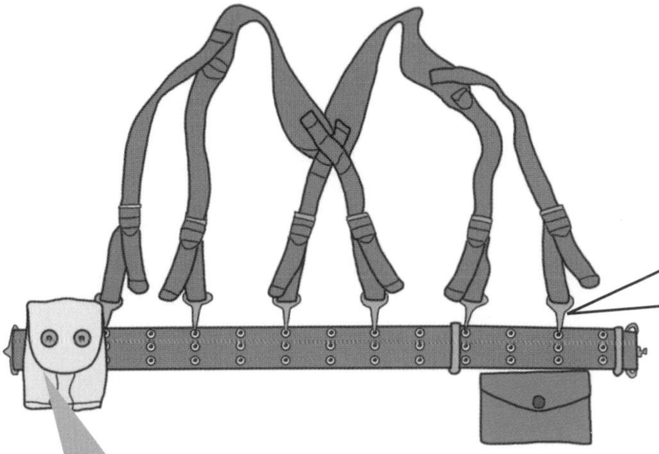

Eyelet Hook

以吊带等的扣环勾住腰带的挂孔

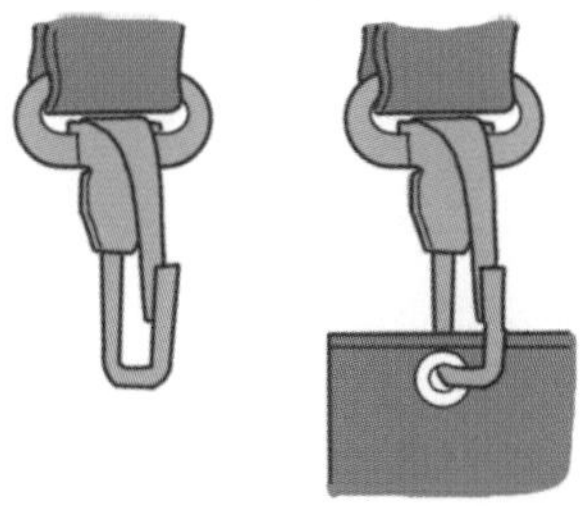

腰挂式

将腰带穿过装备的腰带环直接挂在腰带上

Alice Clip

把装备以滑扣式的金属夹固定住

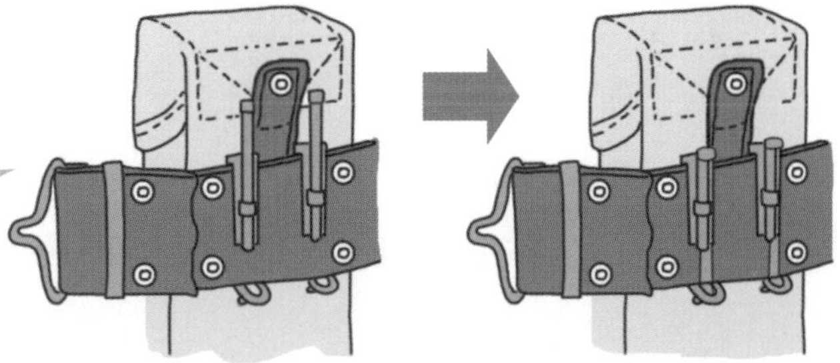

Interlocking Attachment

把树脂制的转换零件插在腰带或者衣服带上固定装备

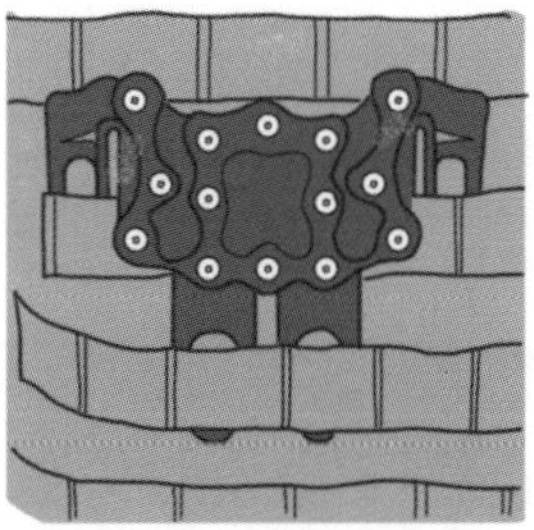

固定用的转换零件

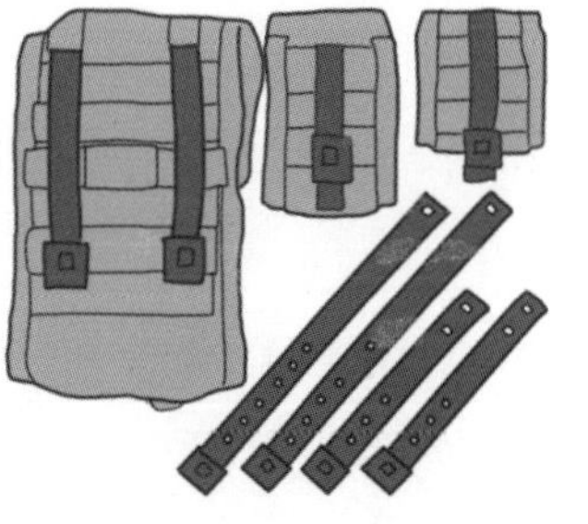

Malice Clip

No.042 MOLLE（模块化轻量负载装备）是什么

MOLLE 是美军的一种个人装备系统，可以固定在战斗服或者防弹背心上，通过固定的夹子将各种装备固定在上面。

自由携带装备

佩戴装备的位置也是携带装备的时候需要仔细考虑的事情。因为这生死攸关的时刻，如果能够快速地取出装备来更换非常重要，而且流畅的拿取装备可以保证士兵在应对突发状况的时候不至于陷入慌乱。士兵只有保持冷静，才能正确地判断所面临的形势并采取相应的行动。

腰带组能够快速佩戴好战斗中必须的一些装备，也可以在一定程度上按照自己的习惯将装备佩挂在腰间，但是腰带的空间有限，能够调整的位置也比较局限。

战术背心比腰带组可携带的装备更多，可以在一开始就把各种装备配置在方便取用的位置上。但是战术背心放置装备的位置都是固定的，并不是所有人都觉得这种配置便是最佳。

使用 MOLLE 系统的话，可以由使用者根据自己的喜好随意变更装备的位置和角度。即便是士兵惯用手不同，常用的装备也可以配置在惯用手的一侧。根据任务内容的不同，还可以随意更换可携带的装备，把不必要的装备取下，或者根据自己的体型、习惯来调整，可以在相当程度上降低作战时的疲劳。MOLLE 不仅能够减轻士兵的压力，还有非常重要的一点：可以降低采购装备的成本。

从配给装备的角度来看，比起根据不同任务而分门别类的研发、配置不同的装备给士兵，可以任意固定在战斗服或者防弹背心上的 MOLLE 更为省时省力。

使用 MOLLE，一方面能够降低研发装备的经费，另一方面士兵可以自由地将装备配置成自己最为习惯和喜爱的状态，非常方便。

根据习惯配置装备

所谓 MOLLE，是“Modular Lightweight Load-carrying Equipment”的简称，1990 年代末成为美军的制式装备。

可以根据喜好，将装备配置在习惯的位置。

用袋子或者固定夹把装备固定在 MOLLE 上

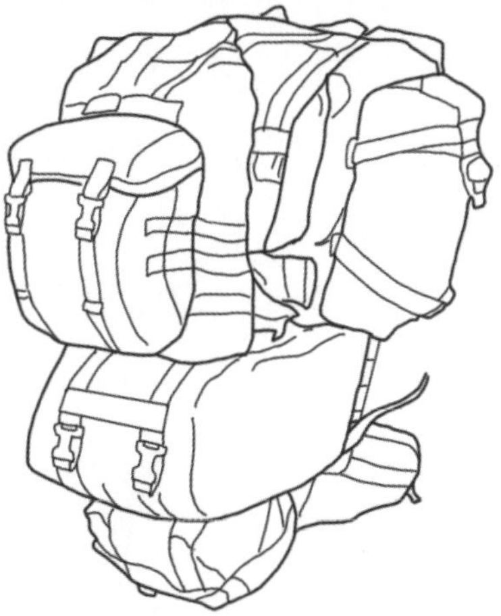

除了背心之外，背包等装备也都包含在 MOLLE 系统里。

No.043 士兵的背包中都有什么

士兵在行军的时候都会背着巨大的背包，除了水和食物之外，还装有寝具、衣物等必备的生活用品。

士兵的行李

19 世纪末 ~20 世纪初，战争的方式发生了许多改变。随着枪炮的发展，战争环境的日益复杂，士兵随身的装备以及携带装备的方式也越来越受到重视。

在战斗中如果携带着笨重行李的话，会令士兵行动不便，甚至会成为敌人的活靶子。也就是说，为了保证足够的行动能力，在战斗中应该抛弃用不到的粮食、衣物等备用物品。同时，为了不让一些备用的装备影响到战斗，士兵需要把这些东西装在随身的背包中携带。

德国和英国对士兵可携带的装备数量进行研究之后，得出了装备数量不宜超过士兵体重的 1/3 的结论。携带过多的装备会令士兵的行动力、战斗力下降。

现代士兵携带的背包重量大多都保持在 20 千克左右，加上足够的备用弹药，总计约 30 千克。当然，负责搬运支援型武器或者反坦克武器的士兵不在此列当中。若是加上这些武器，士兵的行李重量甚至会超过 40 千克。

士兵以正常的负重行军的话，平均时速约为 4 千米，按照一天走 8 小时计算，每天可以行进 32 千米。若是加快速度，省下休息时间做急行军时，每天的行进距离可以达到 40~50 千米。

由于背包中会装有一些不会马上用到的物品，在进行长距离行军的时候，会将装备全部放在车上，士兵只需要携带战斗装备就行。这样就算在行军途中遭遇敌军袭击，也能马上进入战斗状态。

背包里的装备

士兵背负的装备不应超过体重的 1/3，20 千克左右为宜。

背包里的物品

- 换洗衣物
- 雨衣或雨披之类的雨具
- 个人餐具
- 毛毯、睡袋等寝具
- 军粮
- 私人物品（零食、香烟、书等）

※ 私人物品都是默许携带的，但是不能太大或者太重。

为了背负更多的装备

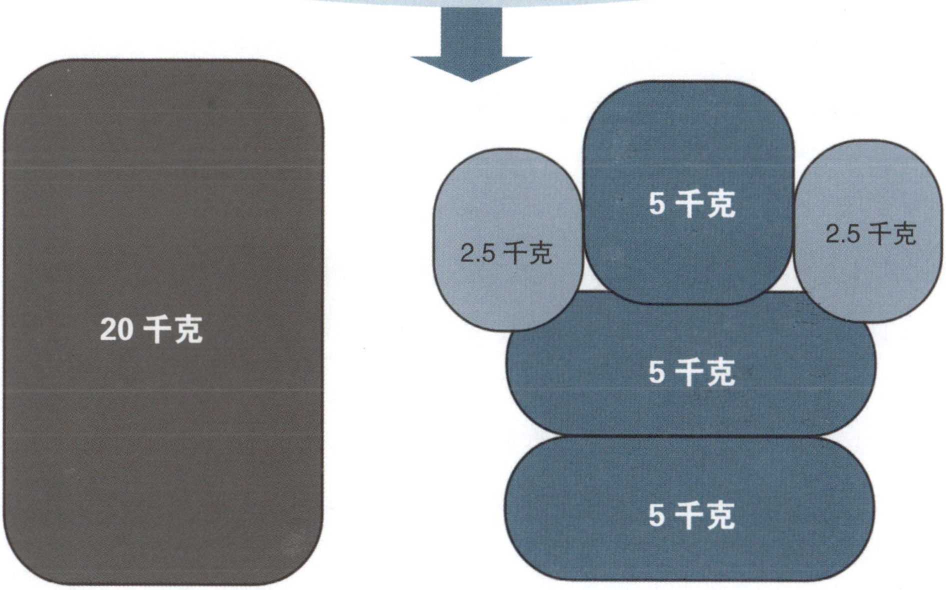

袋子太大的话，要拿出放在里面的东西很麻烦。

以小袋子组合的构造，不仅方便拿取物品，还可以分散重量，便于背负。

No.044 战术背心的口袋中装着什么

战术背心可以携带比腰带组更多的装备，上面布满了大大小小的口袋，这里面究竟收纳着哪些装备呢?

腰带组上的装备都能装进去

在战术背心普及以前，步枪的备用弹匣、手枪枪套、水壶、急救包等战斗中使用频率较高的装备，都是佩戴在腰带和吊带组合而成的腰带组上的。

在行军的时候如果背着背包的话，背上就没有多余的位置佩戴其他装备，所以战斗装备必须要放在其他部位。而腰部离身体中心很近，就算挂着很多东西也可以保持稳定，而且便于随手取拿。

但是，腰带能够携带的装备数量有限，特别是可以连续射击的突击步枪普及以后，步兵需要的备用弹药数量增加，挂在腰间的话过于沉重，影响士兵行动。

为此，美军专门研发了一种叫做“Load-bearing”的背心。背心前面有四个可以装入M16突击步枪弹匣的口袋（可以容纳两个弹匣的口袋和容纳一个弹匣的口袋各有两个），可以迅速地更换弹匣。将这种背心改良以后，战术背心产生了。

战术背心不仅可以携带弹匣，背心表面还能收纳其他的装备。比起只能在腰带周围佩戴物品的腰带组，战术背心可佩戴物品的面积更大，携带量更多。在使用中，可以根据使用频率的高低，将备用的弹匣放在前方容易拿到的部位，急救包等较为次要的物品则配备在侧面或者背后。

战术背心采用尼龙等化学纤维构成，也有网状的背心。起初战术背心只有携带装备比较多的特种部队才能使用，现在已经在军队内大为普及，一般的士兵也可以使用了。

Load–bearing 背心

※ 为了提高透气性，部分背心会采用网状设计。

前面放置弹匣的“Load–bearing 背心”

把这种装备改良以后，发展出了……

战术背心

现在大部分战术背心，都由使用者根据个人喜好来放置装备。

除了弹匣以外，还能携带

- 手枪
- 水壶
- 手电筒
- 指南针
- 无线电或者 GPS
- 急救包等

战术背心没有明确的定义，只要能够有效率地携带武器、弹药与其他个人装备，并且可以像背心一样穿着的装备都可以称为“战术背心”。

No.045 弹匣袋能装多少备用弹匣

自从突击步枪成为步兵的标准装备以后，需要的备用弹药数量大为增加，能够收容弹匣的弹匣袋成为必备品。

一个弹匣袋可以容纳 1~3 个弹匣

弹匣袋是士兵用来携带步枪、手枪备用弹匣的袋子。尤其是突击步枪之类的可以进行连续射击的枪械，需要的备用弹药数量较多。如果士兵随身携带的备用弹药数量不足，无法及时更换新的弹匣，处境就会非常危险。

因此士兵必须要携带足够的备用弹匣才行，这时候就要有能够容纳弹匣的东西。比起一般的袋子或者口袋，专门的弹匣袋可以更快地拿出弹匣，提高更换弹匣的效率。若是将弹匣袋放置在胸前或者腰间等容易拿到的位置，更换弹匣的速度还能提高。

弹匣袋的形状是根据弹匣而设计的。因此，美军的M16配有专门的弹匣袋。但是一般来说，使用同尺寸弹药的弹匣在外形上多半大同小异，所以只要弹药尺寸相近的话，弹匣袋在一定程度上是可以互换的。

军用枪械的弹匣袋大小不一，有可以容纳 2~3 个备用弹匣的大型袋，也有只能收纳 1 个弹匣的小型袋。通常，这两种弹匣袋都是混合使用的，随身可携带 4~6 个弹匣。为了防止灰尘、碎片进入弹匣，影响弹匣供弹，弹匣袋上设有盖子。以前的弹匣袋多为皮制，现在则普遍使用尼龙制弹匣。

手枪用的弹匣袋，由于携带的数量没有步枪那么多，装弹的速度更快。同时为了方便携带，所以很少将多个弹匣装在一个弹匣袋中。即使需要同时携带多个弹匣，通常也是选择佩戴多个弹匣袋。

弹匣袋

突击步枪的弹匣袋可以装入 2~3 个弹匣

防止灰尘进入的盖子

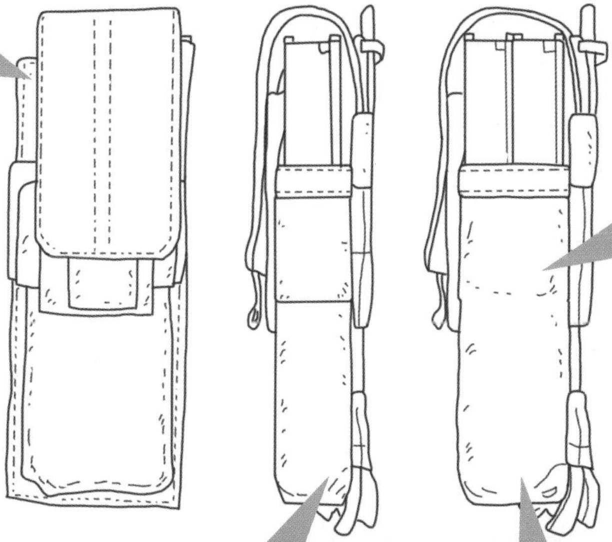

现在的弹匣袋几乎都是尼龙制品

早期是一个袋子装一个弹匣

士兵携带弹药的数量增多后，改为一个袋子装 2~3 个弹匣

弹匣袋会因为装入弹匣的数量、形状而变化

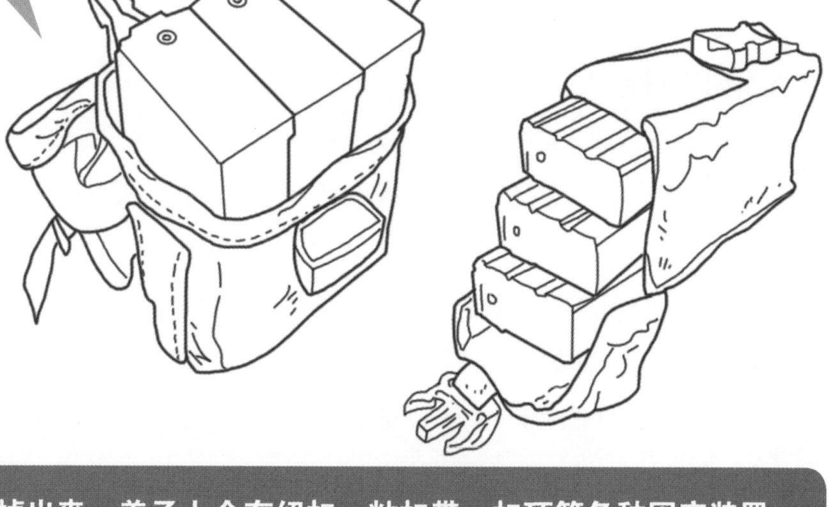

为了不让弹匣掉出来，盖子上会有纽扣、粘扣带、扣环等各种固定装置。

No.046 手榴弹可以直接挂在身上吗

在影视作品中，我们常常可以看到里面的士兵随身挂着几枚手榴弹，手榴弹真的可以直接挂在身上吗?

只要不拉动引信就可以

手榴弹是士兵在战斗中使用的手投弹药。手榴弹能攻能守，既能杀伤有生目标，又能破坏坦克和装甲车辆。由于其体积小、质量轻，携带、使用方便，曾在历次战争中发挥过重要作用。

把手榴弹直接挂在身上的携带方法，从第一次世界大战时期就已经开始流行了。当时战壕战十分流行，士兵必须携带足够的手榴弹来应对。在战壕战中开始风靡的风衣上也设有可以佩挂手榴弹的D环。

手榴弹虽然是一种小型炸弹，但是装填在其中的炸药比较稳定，必须要拉动引信才能引爆。就算在战斗中被子弹或者炮弹的碎片击中，也不会爆炸。

携带手榴弹的时候需要注意的不是能否直接挂在身上，而是要注意引信启动的安全装置——安全栓。手榴弹的安全栓被拔掉以后，原本锁住的撞针就进入可动状态，在手榴弹离手以后，手榴弹会通过撞针的撞击力点燃引信。引信点燃以后，手榴弹会在数秒内爆炸，产生的冲击波和弹片可以杀伤四周的敌人。

安全栓本身塞得很紧，不用力的话是拉不开的。虽然如此，在越战期间，也曾发生过不少由于随身配佩挂的手榴弹安全栓被树枝勾住而意外拉开的事故。

因此，现代的手榴弹已经改为在袋子中携带。由于手榴弹并不是即时性武器，需要经过数秒以后才会爆炸，所以将手榴弹放在袋子中虽然会浪费一点拿取的时间，但是为了安全起见，还是比直接挂在身上要好一些。

手榴弹的携带方法

风衣上的 D 环

手榴弹中的火药比较稳定，直接挂在身上也没关系。

把手榴弹挂在这个环上

若安全栓被意外拔掉，就会发生误爆。

以弹匣袋来固定手榴弹

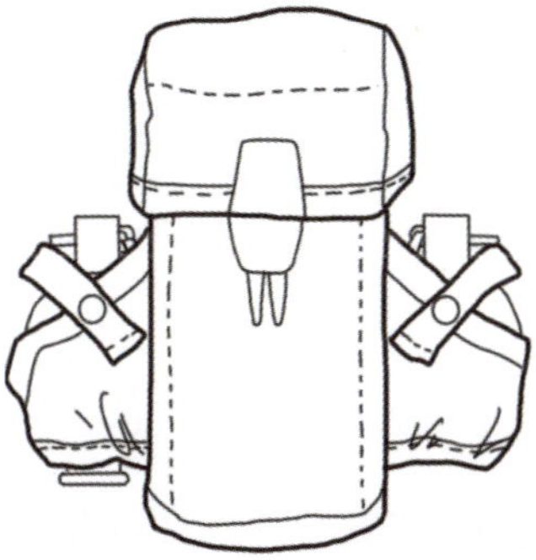

为了防止安全栓被拉开，拉环部分要朝内侧摆放，再用带子绑紧。

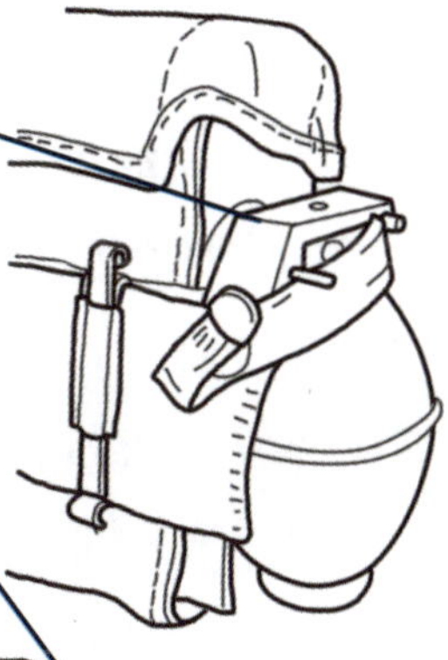

这样携带也可以

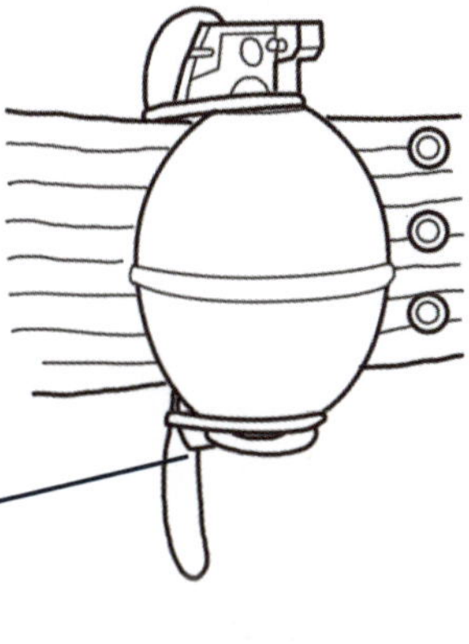

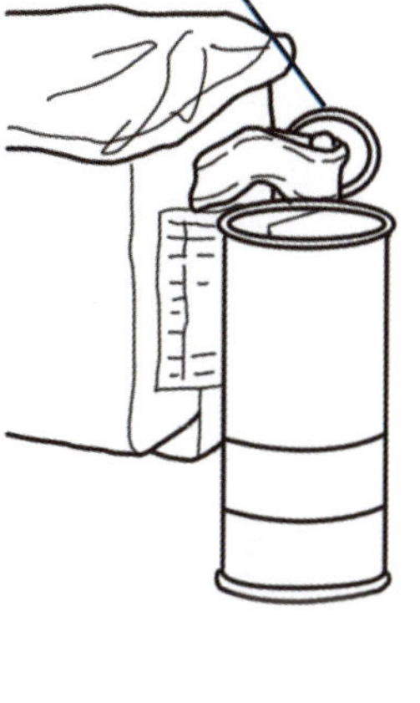

用钩环或者橡皮筋绑住手榴弹，安全栓同样要朝向内侧。

No.047 军用水壶能装多少水

在所有的个人装备中，水壶是必不可少的。

行动的必备补给

水壶是用来携带水或者其他饮料的容器，军用水壶大约可以容纳一升水。

一般情况下，只要不是特种部队之类需要长时间单独行动的士兵，同时携带多个水壶的情况并不多见。不过卫生员比较例外，有的士兵在受伤以后会脱水或者需要清洗伤口，因此卫生员往往会随身携带多个水壶。

除了上述的情况之外，在遭到毒气攻击以后，水可以用来清洗毒气的一些成分。因此水对士兵而言十分重要，只要能够补给，士兵往往会将水壶装满水。

水壶的材质随着时代的进步也不断发展。起初的水壶是以动物的胃或者皮革、竹片、木头等材质来制作的。后来的军用水壶则改为铝之类的轻金属制造。

现在军队中配用的是一种更轻、更坚固的树脂制的水壶。不管哪种水壶，都会用帆布或者尼龙制成的布套包住。布套一方面可以起到保温的作用，但是更为重要的是保护水壶并防止水壶反光。在树脂制的水壶下方，有一个重叠式的水杯。水杯采用金属制造，可以用来放在火上烧开水。

水壶通常是用金属钩挂在腰带上携带，若是用背带挂在肩上的话，会导致水壶在人活动的时候来回摆动，妨碍行动。

在需要携带更大量水的时候，会使用一种背负式的软塑料水壶——水合系统背包，这种水壶在运动的时候不会妨碍到行动，水壶上带有吸管，通过吸管就可以饮用。

军用水壶

容量大约在一升左右

美军的水壶，可容纳950毫升水。

防止盖子遗失的链子

水壶是铝制或者树脂制成，
下方嵌有杯子。

大容量方形水壶

以前需要较多的水的时候，需要携带多个水壶。而现在只要携带一个大容量水壶就足够了。

水合系统背包

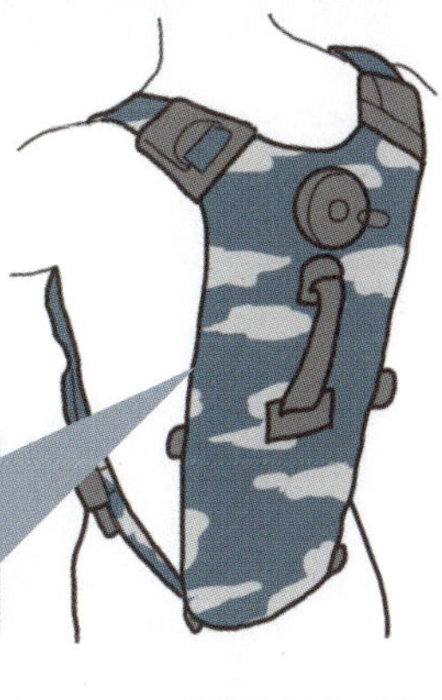

背负式的水袋，作为补给十分方便。但是要用来清洗污渍、伤口就没水壶好用了。

No.048 防弹背心的防御力有多强

在电影中我们常常可以看到，主角身穿防弹衣被击中以后，除了承受一些疼痛，并没有多大损伤。防弹背心的防御力有多大呢?

主要用来防御手枪

在大多数人的观念中，都觉得防弹背心能挡住子弹，然而实际上防弹背心并没有这么出神入化，其防弹性能十分有限。

虽说防弹背心听起来似乎能够防止子弹伤害，但是事实上并不能将伤害降为零，最多只能减少伤害而已。也正因为如此，在有的资料中，把防弹背心称为“抗弹”背心。

根据美国的研究机构 NIJ（美国联邦司法协会）制定的防弹标准，防弹背心的防弹等级可以分为 I~IV 四级。其中 IV 级防御能力最强，I 级防御能力最弱。若是要像电影中那样中弹以后还没造成多大伤害，防弹背心最少要达到 II 级以上。

防弹背心的原理是用凯芙拉之类的高强度、低密度化学纤维织成的网状布料来阻挡子弹。以凯芙拉为例，其强度是同等质量钢铁的 5 倍，但是密度仅有钢铁的 1/5。虽然如此，威力比较大、弹头尖锐的步枪子弹仍然是挡不住的。

如果想要凭借防弹背心抵挡步枪子弹，就需要在衣服底下装上金属或者陶瓷板把子弹弹开。III 级和 IV 级的防弹背心就是通过这种方式来实现防御步枪子弹的效果。在战场上使用的防弹背心多为这两级防御力较强的防弹背心。

另外，高等级的防弹背心为了提高防御力，会在中间加入一些填充物，这样会造成防弹背心的厚度增加，造成行动的不便。因此，穿着防弹背心的时候要根据实际的情况随机应变，决定是否在其中加入防弹填充物。

防弹背心的防弹能力

NIJ 制定的防弹等级

※NIJ=National Institute of Justice（美国联邦司法协会）

用如下口径的弹药射击 5 次（IV 级只需 1 次），各发的间距之间为 10 厘米，没有穿透的产品就是合格的产品。

等级	测试用的弹药
手枪弹药等级（射击距离 5 米）	
I	=5.56 毫米口径
IIA	=9 毫米口径
II	=9 毫米口径
IIIA	=9 毫米口径（长枪身）
IIIA+	=7.62 毫米口径瓶颈式子弹
IIIA++	= 霰弹枪的步枪重弹头（单发）
步枪弹药等级（射击距离 15 米）	
III	=7.62 毫米口径步枪子弹
III+	= “AK–47”的 7.62 毫米枪弹
IV	=7.62 毫米步枪穿甲弹

想要具备能够抵挡步枪子弹的防御力的话，需要在防弹背心内装上防弹钢板或者陶瓷板。

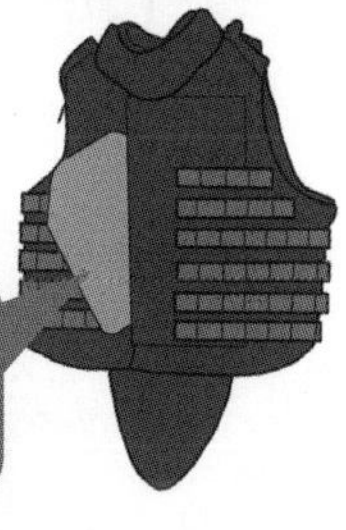

No.049 防弹背心的使用寿命是多久

防弹背心虽然能够防止子弹穿入身体，但是发挥作用的时间比较有限，如果使用方式或者保管方式不当的话，寿命会更短。

主要原因在于防弹材料的劣化

防弹背心是采用高强度的化学纤维制成的，与其他的化学分子一样，其内部的分子物质受热、光、紫外线、氧、臭氧及各种化学药品作用，会发生变色、龟裂、强度降低等物理或化学性能变化，这种变化叫做劣化。

以警用的防弹背心为例，其使用寿命约为 3 年，过期后就无法起到防弹的作用了。若是制成防弹背心的凯芙拉经常遭受光、紫外线的照射，劣化程度还会加快。

即便是非常小心翼翼地使用和保管，仍然无法防止劣化的发生。最多不超过 5 年，防弹背心的防御能力也会降到很低的程度。

此外，凯芙拉防水性能较弱，如果弄湿的话，防弹性能也会降低。为此，防弹背心的表面都会进行防水处理。这也导致了防弹背心的透气性非常差。

被击中过的防弹背心，也不能继续使用。凯芙拉是以网状的密集构造缠住子弹，吸收其动能。因此，中弹部分的纤维会龟裂，当子弹再次命中附近的部位时，纤维就会因为断裂而被子弹穿透。

一般的防弹背心被多发子弹连续射击的时候，如果中弹部位之间的距离小于 10 厘米，防弹背心就会应为纤维的断裂而无法达到预期的防弹效果。

受光线和水的影响明显，而且会随着时间劣化的，不只有防弹背心。凡是使用凯芙拉的防弹装备都有这个缺点。因此，防弹背心、防弹头盔等装备都会在使用一段时间之后就更换。

防弹背心的使用寿命

一般防弹背心的使用期限在 3 年左右

理由
制成防弹背心的凯芙拉随着时间而劣化

凯芙拉容易受到光线影响，即便的注意保管也无法阻止劣化。

其他会影响防弹背心寿命的因素

被水弄湿的防弹背心

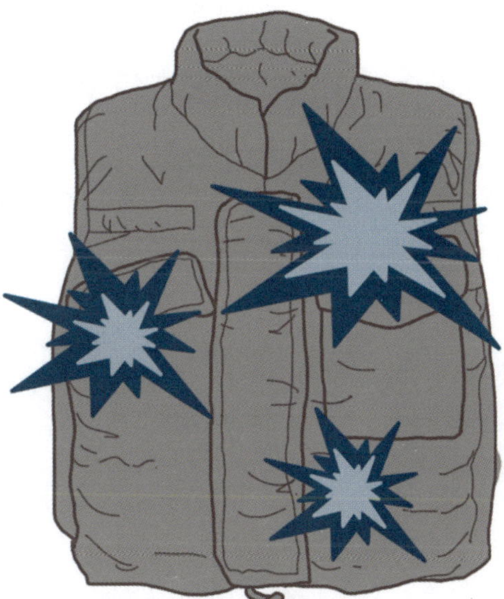

被子弹击中过的防弹背心

这样的防弹背心都要及时更换

No.050 护甲和防弹背心一样吗

从字面来看，护甲是种装备，防弹背心则是类似于背心的装备。但是由于两者之间的材质比较类似，因此并不容易区别。

都用来防弹

护甲与防弹背心都是以凯芙拉或者芳族聚酰胺等强度高、耐拉伸的化学纤维编织制成装备，可以防止子弹、弹片等穿入身体。在普遍的认识当中，保护肩部和领部的重装备是护甲，而形似背心的轻装备则是防弹背心。这种差异形成的原因，要归结到这两种装备不同的使用目的上。

防弹背心，顾名思义，是用来挡住子弹的背心。在被子弹打中的时候，可以防止子弹穿入人体，保护身着背心的人。

但是防弹背心的方式并不是把子弹弹开，而是通过密集编织的化学纤维把子弹挡住，所以中弹以后仍然要承受子弹的动能。制成防弹背心的化学纤维很难断裂，可以阻挡子弹射入人体。

然而就算子弹没有射入人体，子弹本身的动能所造成的冲击力仍然会对人体造成伤害。为了改善这个问题， 也有在其中加入可以吸收冲击力的材料制成的硬体防弹背心。这种防弹背心比较厚重，无法穿在衣服里面。

护甲主要是用来防御炮弹碎片的装备。因为炮弹碎片不一定是从前方飞来，所以在设计上，腰部、腹部、颈部等要害的部位都要尽可能地包覆起来，这是护甲的重点。

护甲是采用包括凯芙拉在内的多种化学纤维重叠制成的装备。也就是说，在设计理念和制造工艺上，护甲与防弹背心并无不同。所以护甲也可以用来保护身体不受子弹伤害，但是由于护甲主要是用来防御弹片的，因此防弹能力一般都比防弹背心要低。

护甲和防弹背心的不同

护甲和方案背心的使用目的不同

护甲

- 防御炮弹碎片；
- 尽可能加大覆盖范围，将腰部、腹部、颈部等部位都保护起来。

在战场上，炮弹碎片的杀伤力要比枪械更恐怖，所以士兵需要穿着护甲。

防弹背心

- 防止被子弹穿透；
- 有时候会穿在衣服底下，所以不会太厚。

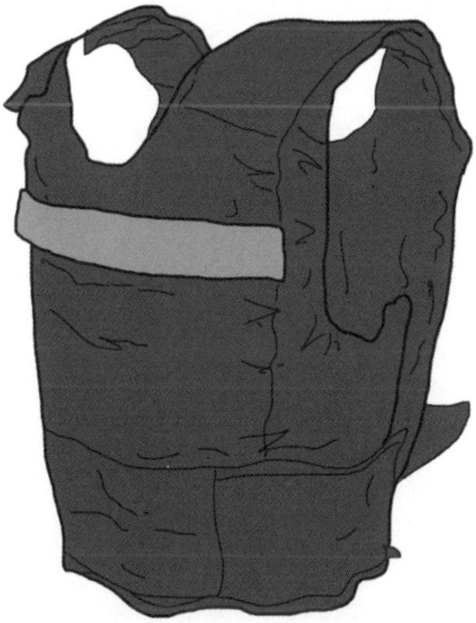

可以阻挡子弹，所以警方和军队都普遍采用。

两者使用的材料都是凯芙拉等防弹材料

从使用看，防弹衣可分警用型和军用型两种。从材料看，防弹衣可分为软体、硬体和软硬复合体三种。

No.051 头盔可以防弹吗

头盔是在古代就已经出现的防具，与金属铠甲、盾牌都是古代战争中必不可少的装备。但是由于枪械的发展，这些防具逐渐推出历史舞台。现在士兵所戴的头盔与古代的有很大不同。

一定的防弹能力

头盔是用来保护头部的装备，在许多地方都会用到。比如到工地上为了防止东西砸到头的安全帽，骑摩托车时戴的头盔，都是这种功能的防具。

古代，前往战场的军人会身穿金属制的铠甲，头戴头盔。但是随着枪械的发达，靠盔甲来防御攻击变得不再可行。

从第一次世界大战开始，炮弹采用从内部引爆的榴弹，为了防止弹片伤到头部，头盔的功能得到了肯定。在战壕战中互掷手榴弹的时候，头盔对于在上方爆炸的手榴弹有一定的防御效果。

当时的头盔一般都是钢制，与其说是具有防弹的能力，倒不如说是因为它具有弹开弹片的能力。

在实际中，由于打过来的子弹类型、距离、角度的不同，子弹的穿透力也相差甚大。在针对头盔防御力的实验中，实验的结果也莫衷一是，子弹能够轻易穿透头盔的结果不少，但是同时，子弹没有贯穿头盔的例子也很常见。

按照常理来说，想要提高头盔的防御力，只要增加头盔的厚度即可，但是由于头盔需要戴在头上，依靠脖子支撑，所以不可能无限制地增加厚度和重量。

现在有很多头盔已经抛弃了钢铁材质，选用与防弹背心一样的凯芙拉，将这种纤维重叠后加入树脂，做出头盔的形状，防弹能力得到了很大提升。美军所装备的 PASGT 防弹头盔正是按照这种原理制造的。

头盔的功能

戴头盔主要是为了防止被碎片击中，保护头部不被弹片伤害。

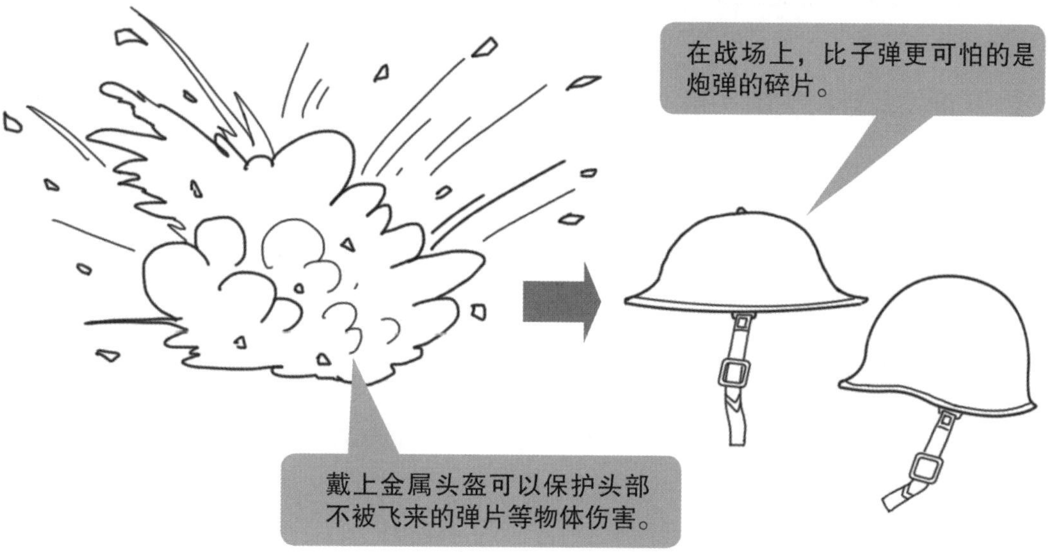

PASGT 头盔

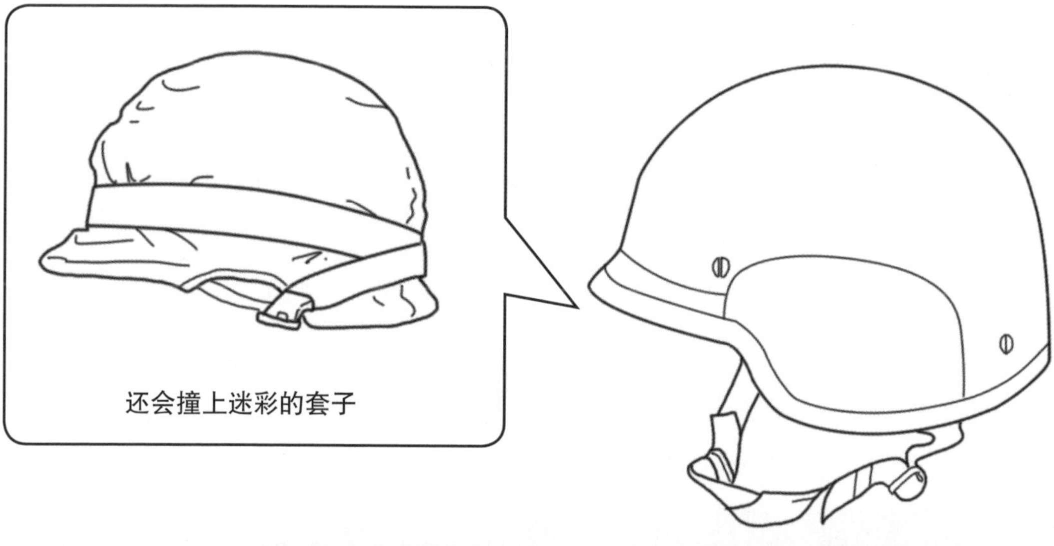

美军装备的 PASGT 头盔是以树脂与防弹纤维制成的，提高了头盔的弹片和子弹的防御能力。

No.052 现在的头盔是“塑料”制成的吗

当地震、暴雨等灾害发生以后，军队会第一时间前往现场救援，但是在这时候，他们往往还要戴着看起来很沉重的头盔。

从钢铁头盔到树脂头盔

在进行救灾等救援工作的时候，军队使用的是树脂制成的轻型头盔，这与在工地上或者高处工作的工人所戴的安全帽属于同一类物品。当然，这种头盔是不具备防弹能力的，在战场不会使用。

以日本自卫队为例，他们配备了一种可以分作两个用途使用的头盔，头盔内部为树脂材料制成，而外部则是金属制，可以根据场合，将头盔拆成两部分使用。这种头盔在 20 世纪 80 年代十分流行，是在美军 M1 头盔的基础上研发的。

M1 头盔有一个鲜明的特点，就是由金属制成的外帽（Shell）和树脂制成的中帽（Liner）构成的双重构造，在一般行动或者开车的时候只戴上中帽，战斗中将外帽套在中帽上使用。M1 头盔是美国自行研制的第一代制式头盔，外形为半球形，下部为波浪状曲线，增加防护面积，相当简练经典。M1 头盔经历了二战、朝鲜战争、越南战争，成为美国大兵最重要的象征。

20 世纪 70 年代初，美国杜邦公司研制成功一种新型合成纤维—凯芙拉（Kevlar），该材料密度低、强度高、韧性好、耐高温、易于加工和成型，吸收弹片动能的能力是尼龙的 1.6 倍，是钢的 2 倍。

以凯芙拉为材料，美国研制出了 PASGT 头盔，引起了非金属复合材料单兵头盔的风潮。

PASGT 头盔开始装备后，由于其外形像二战时期纳粹的头盔，美军士兵为其起了一个“德国佬”（Fritz）的外号，在体会到了 PASGT 的舒适性和极好的防弹性能之后，所有士兵都将其视为最重要的防护装具。

树脂头盔

树脂头盔是用高强度的防弹纤维和树脂制造的头盔

中帽（Liner）

用树脂制成的头盔，一般行动中使用。

外帽（Shell）

金属制的外壳，由于只是一个外壳，不能直接戴在头上。

M1 头盔

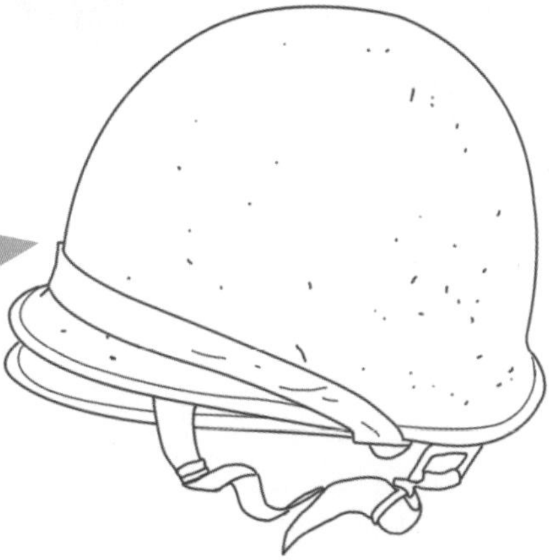

美国的 M1 头盔是由外帽和中帽两部分构成的双层结构。

No.053 风镜已经成为战斗的必需品了吗

在战斗中，保护眼睛非常重要，如果视线受到影响，就无法进行射击。一旦丧失了视力，就等于丧失了战斗力。

保护眼睛

在战场上有许多因素都会伤到眼睛。风沙自然是不用说了，射击时候产生的气体、枪支排出的空弹壳、炮弹爆炸的碎片、碎石、木屑等等，可以说是不计其数。

现在还有激光瞄准的光线，或者在近战中强光手电筒造成的目眩。

为了应付这些威胁，用来保护眼睛的装备——护目镜就显得越发重要了。因此护目镜日益成为现代战争中不可或缺的装备。太阳镜或者风镜的使用历史可以算得上十分悠久，到现在几乎成为士兵随身必然携带的重要物品。

战斗中用的太阳镜和风镜，除了具有阻挡风沙的作用，镜片也都是用抗冲击性材料制成的。

虽然这样，镜片的强度也远远达不到防弹的效果，只要能够挡住一些飞来的弹片、碎石就可以了。毕竟就算是非常细小的碎片进入到眼睛中，也会令士兵暂时丧失战斗力，所以只要能挡住碎片就已经算达到了预期效果。

比起太阳镜，风镜的防护性能更好。风镜的镜片表面经强化处理，有良好的抗冲击及耐磨性能；宽大柔软的面部密封，使配戴时非常舒适；可调节的松紧带，适合各种脸型需求；视屏开阔，可阻挡强风、雪粒、雾气及各种强光。但是因为密闭的程度很高，可能会因为内外温差太大而在风镜内部出现水汽。后来出现了经过防雾处理的材料，解决了水汽的问题。

护目镜

视力＝战斗力

伤害眼睛的因素

- 风沙、尘埃等
- 枪械射击时的气体
- 排出的空弹壳
- 炮弹、子弹引起的各种碎片

在现代战斗中还有

- 激光瞄准的光线
- 强光手电筒等

视力大幅下降

为了避免这种情况

护目镜是不可或缺的装备

风镜

太阳镜

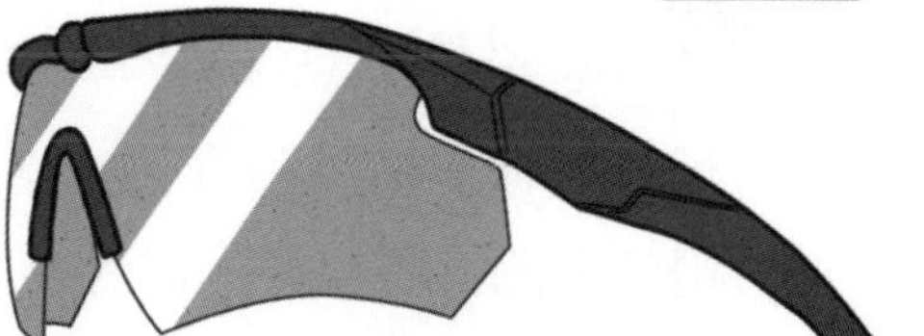

功能

- 物理防御：挡住碎片或者沙尘
- 在强光或着激光光线中保护眼睛

No.054 夜视装置看到的景象是什么样的

夜视装置是现代军用装备中必不可少的工具，夜视装置所观察的画面通常都是黑白色或者绿色的。

不同原理的夜视装置

夜视装置所看到的影像不是黑白的，就是绿色的，这不是因为装置不够先进，而是因为光线的原因。

夜视装置分为两种，一种是微光增幅，利用夜间目标反射的低亮度的自然光，将其增强放大到几十万倍，从而达到适于肉眼夜间进行侦察、观察、瞄准、车辆驾驶和其它战场作业的亮度。

另一种是红外夜视仪，可以利用光电转换技术的军用夜视仪器。它分为主动式和被动式两种：前者用红外探照灯照射目标，接收反射的红外辐射形成图像；后者不发射红外线，依靠目标自身的红外辐射形成 “热图像”，故又称为“红外热成像仪”。

红外线是不可见光，没有颜色，只能用光线的强弱来显示影像，所以只能出现黑白的画面。而微光增幅是为了帮助人们在微弱光线下能看到的影像，因此调整成最容易被看见的绿色。

夜视装置主要是用在夜间开车或者侦查行动中，所以确认前方的地形和形状要比色彩优先考虑。

夜视镜在使用当中要十分注意。在亮光下使用夜视仪对夜视仪损害最大。虽然夜视仪在超载时会自动切断回路来保护设备，但暴露在强光下会缩短夜视仪的使用寿命。而暴露在雨、雾甚至高湿度环境中也会损坏夜视仪设备。出于使用的考虑，夜视仪的设计使它可以承受短时间的强光或潮湿状况。

光的波长

夜视装置是通过红外线或者光线的强弱来辨识物体的，所以呈现的影像都是单色。

光的波长

红外线照射方式

没有颜色，只能用光线的强弱来显示影像，所以只能出现黑白的画面。

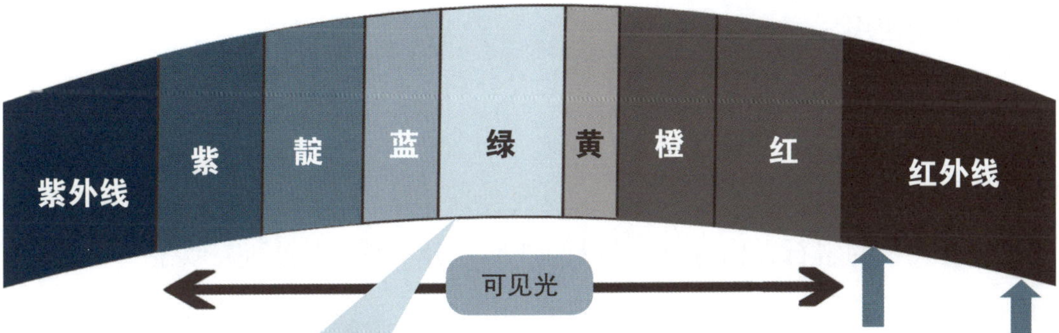

微光增幅方式

以少量的光看见物体，调整为光谱的中间色绿色。

红外热成像仪

可以感应物体本身放出的远红外线，因此不需要红外线照射装置，可以在完全无光的地方使用。

近红外线

红外线中波长较短的光线，性质和可见光相近。

远红外线

波长较长，和电波的性质相近。

No.055 为什么手肘和膝盖都要穿戴护具

在现代的军队中，士兵常常会穿戴着保护手肘和膝盖的护具，这些护具有什么作用?

护具

在现代战争中，士兵已经不需要像古代一样进行肉搏，但是却常常在膝盖和肘部穿戴坚固的护具。除了最先配备护具的特种部队以外，普通军队中也已经开始使用。

士兵所戴的护具与运动员的并无太大分别，一般可分为护头、护肩、护手、护肘、护腕、护腰、护腿、护膝、护踝、组合运具其他护具。

穿戴在肘部和膝部上的护具，可以充分保护这两个部位。为了不让坚硬的地面或者尖锐的岩石弄伤身体，护具的外部十分坚硬，能起到类似盔甲的效果，内侧装有垫子，可以吸收外部对身体的冲击力。

虽然只能保护肘部和膝部这两个部位不受伤害，但是在生死攸关的战场上，却能起到十分重要的作用。

战场上发生的任何事情都需要在瞬间做出判断，一旦迟缓就可能威胁到自己或者战友的生死。比如在需要快速移动的时候，士兵却因为膝盖的伤势无法做到，很可能会在一瞬间酿成悲剧。

此时若是穿戴着护具的话，就能最大限度地保证士兵的移动能力，或许仅仅是快速地移动就能保证士兵的生命了。士兵所戴的软皮手套或者厚布手套也有同样的功能。

另外，腕部、小腿、肩部等部位的护具虽然无法保证身体在激烈的运动中不受伤害，但是在不小心跌倒或者滚落楼梯的时候则能发挥出相应的作用。

保护手脚的护具

穿戴护具的理由

- 保护手肘和膝盖
- 在受到损伤的时候能够保证移动能力

肘部护具

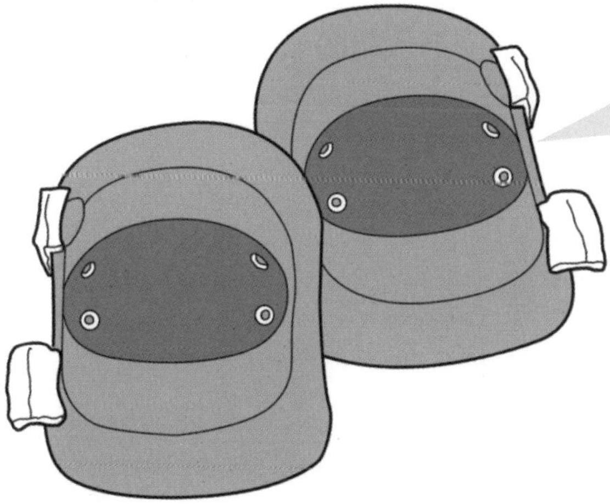

为了能够让手腕自由活动，设计得比较小巧。

膝部护具

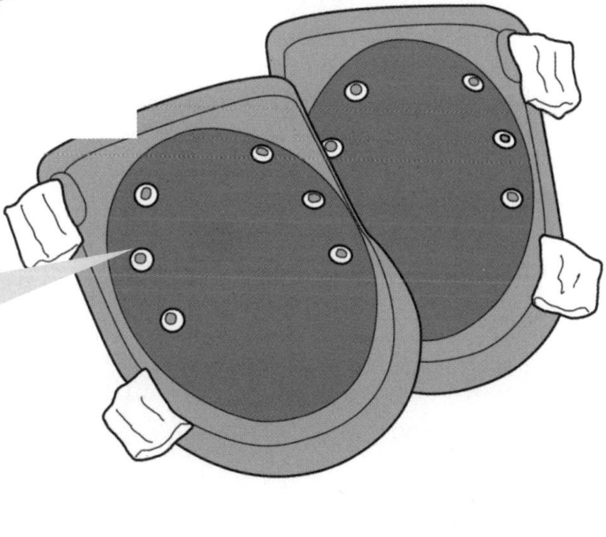

抗冲击性高，有些护具外侧有防滑的橡胶。

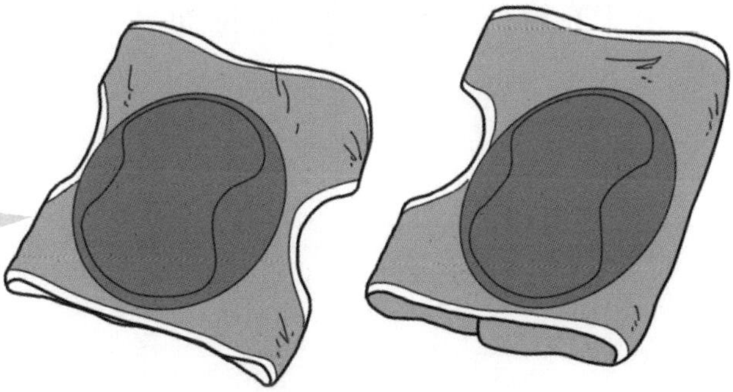

有的护具将护垫装在伸缩性的束带上，用以加强舒适度。

No.056 防毒面具的防毒效果怎么样

防毒面具本身能够防御的毒气种类有限，并不是对所有的毒气攻击都有效，大多数时候要和防护衣一起使用。

无法防止会渗入皮肤的毒气

人类无法在屏住呼吸的情况下长时间活动。想在毒气或者催泪瓦斯等攻击下继续活动的话，则需要一些特殊的装备。潜水用的氧气罐可以帮助人进行呼吸，免遭毒气的侵袭，但是氧气罐过于笨重，所用并不适用。

为了对抗毒气而产生的装备就是防毒面具。防毒面具改良自矿工和消防人员所用的面罩。使用毒气进行攻击由来已久，但是用防毒面具来防御毒气并大量配备给士兵使用，是第一次世界大战时才开始的。

防毒面具主要是过滤器和面罩等部分组成。面罩紧紧贴在脸上，可以保护眼、鼻等部位以及脸部的皮肤；过滤器可以将空气中的刺激性、有毒物质过滤掉，确保佩戴者免遭毒气伤害。

但是防毒面具并不能防御所有的毒气，所能防御的仅限于经呼吸系统进入人体的窒息性毒气或者由眼、鼻、口等处的黏膜吸收的呕吐性毒气。如果敌人使用的是芥子毒气等糜烂性毒气，可以通过皮肤渗入体内，那么就算是戴着防毒面具，也起不了多大作用。

想要保护身体不被糜烂性毒气伤害的话，就需要穿上保护全身的类似雨衣的化学防护服才行。高性能的防护服不仅能够防御毒气，就连生化武器、核辐射等也能阻隔。

由于在毒气散去以前，防毒面具和防护服必须要一直穿戴在身上，所以在防毒面具上备有喝水用的吸管或者人工呼吸用的呼吸管等。

防毒面具并不能防御所有毒气

只要戴着防毒面具就什么毒气都不怕吗？

√ 影响呼吸器官的毒气

√ 破坏神经的毒气

× 使皮肤溃烂的毒气

毒气有许多种类，阻隔这些毒气的方法也不相同。

防毒面具并不是万能的

No.057 如何快速戴上防毒面具

防毒面具能保护使用者不被毒气侵袭，但是会影响视野和呼吸，所以防毒面具只有在需要的时候才会戴上使用。

佩戴步骤

在电影或者小说中的特种部队队员，都会长时间戴着内置夜视装置和通信装备的防毒面具行动。这样的画面会让观众和读者误以为特种兵会经受专门的训练，能够全天候地佩戴防毒面具，事实上这是不可能的。

在我们日常生活中，就算长时间戴着口罩都会觉得呼吸不畅，因此如果长时间戴着防毒面具势必会影响到正常的呼吸。如果需要一直戴着防毒面具的话，可能会为了保证呼吸在面罩和皮肤之间留有空隙。而如果这样做的话，防毒面具就丧失了防毒的效果了。按照这样的思路，戴上防毒面具简直是多此一举，还不如在遇到毒气的时候再戴上。

如果平时一直戴着防毒面具的话，会影响士兵对周围环境的观察，降低士兵的警惕性。在平时不戴的话，士兵会随时警戒着敌人是否释放毒气，保持足够的警惕性，有利于战斗的时候集中注意力。

在发生毒气攻击以后，必须要尽快拿出面具，将面罩套在脸上，并固定好。接着用手按住呼气阀门，向外吹气，把可能存在与面具与皮肤之间的毒气排出。

完整这个动作以后，迅速把吸气阀门关上，用力吸气。这样会让面具内外产生气压差，使面具紧紧贴在脸上。

以前，防毒面具的过滤器都是以管子和面具连在一起，现在大部分的防毒面具则都是采用吸气阀门和过滤毒气用的过滤零件一体成型的形态。

防毒面具的佩戴方法

1、戴上

要注意在脸部和面罩之间不能存在其他东西，比如头发。

2、吐气

3、吸气

4、完成

按住呼气阀门后吐气

压住吸气阀门后吸气

确认脸部和面罩之间没有空隙

防毒面具的结构

No.058 身体多个部位都能佩带的枪套

枪套是收纳手枪的套子，在步枪的子弹用完以后，为了迅速拔出手枪继续战斗，枪套通常都是佩带在腋下、腰部等易于伸手拿取的部位。

必不可少的枪套

枪套是士兵尤其是特种兵携带备用手枪时必备的装备。常见的枪套有肩挂式、腰挂式、腿挂式等类型。然而由于个人使用方式的不同，有的人习惯使用肩挂式枪套，也有人习惯腰挂式或者腿挂式枪套。

各种类型的枪套各有特点，例如肩挂式枪套可以将手枪隐藏在怀中，但是拔枪的动作会受到一些影响；腰挂式枪套能够快速拔枪，但是在身穿防弹背心等装备的时候，可能会受到阻碍，另外也无法隐藏手枪；腿挂式枪套与腰挂式一样，无法隐藏手枪，但是拔枪动作简单，是特种部队中最为常见的方式。

这几种枪套必须要配合不同的作战类型来选择使用，不能互换，肩挂式不能佩带在腰部，腰挂式和腿挂式也不能藏在上衣里面。

有一种名为“Conversion Holster”的枪套，能够调整皮带的长度，或者调节粘扣带的位置与长度，可以将枪套佩带在身体的任何部位。

Conversion Holster 与常见的几种枪套相比，可以由士兵根据自己的使用习惯，随意调节零件和皮带长度，将枪套自由地挂在肩部或者腰部、腿部，只需要一个枪套就可以适应多种作战类型的需要。

Conversion Holster 不是皮制，而是选用克迪克斯（Kydex）或者尼龙等化学材料。这些材料具备同样的特点，重量轻、强度强，能够把枪套做得更为轻巧短小，而且更加适合和粘扣带等其他零件搭配使用。粘扣带可以固定长度和角度不同的物品，随着使用者的个人需要进行细微地调整。

可以自由变换零件的组合

可以装在身体的各个部位

腰挂式枪套

肩带

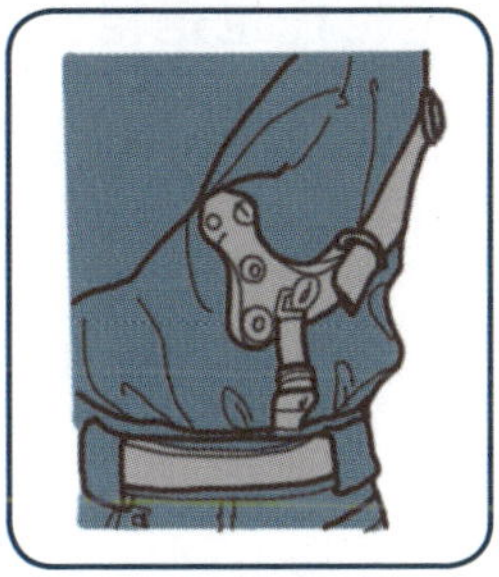

腰挂式枪套

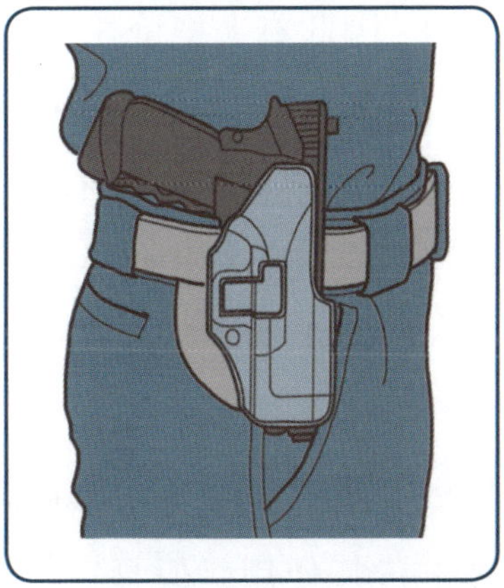

腿挂式枪套

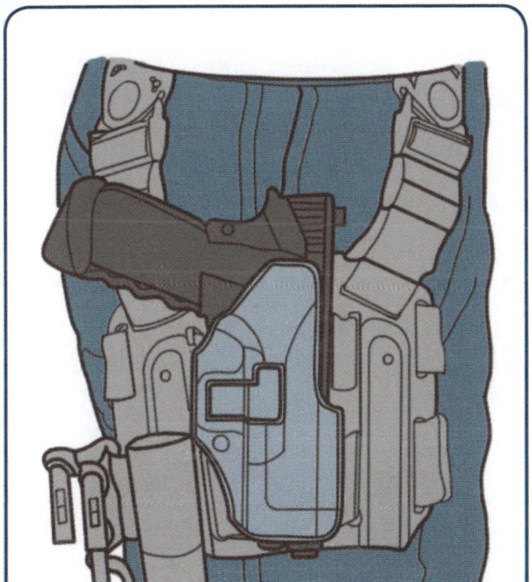

转换零件

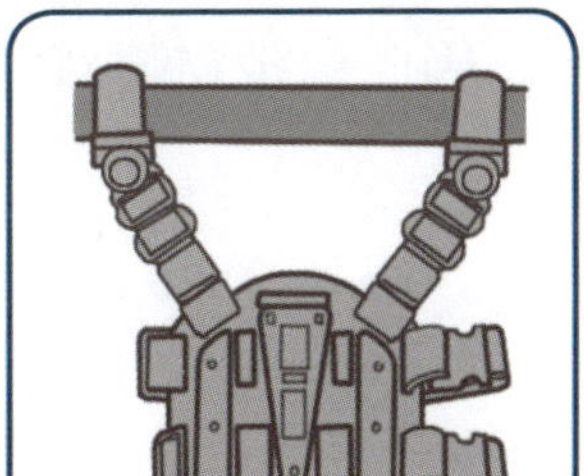

No.059 枪、套能合为一体吗

枪套是用来携带手枪的装备，枪托是用来加强射击精度的稳定用道具，把这两种用途截然不同的道具合二为一的就是“肩托枪盒”。

既是枪托也是枪套

平时是枪套，用来收纳枪支，在战斗的时候把枪套和枪支连接起来当作枪托使用的装备叫做“肩托枪盒”。

步枪等长度较长的枪械，在设计的时候可以把枪托抵在肩部进行精确射击。而手枪则由于过于小巧，长度也不够抵在肩部，所以射击精度无法和步枪媲美。后来出现了一种可以附加在手枪握柄上的枪托，用来提高射击的精度。

这种构想与枪械设计师产生了共鸣，因此到了第二次世界大战时出现了一批可以装上枪托的手枪。但是由于在不使用枪托的时候，携带枪托会比较累赘。因此有人把枪托中间挖空用来放置手枪，兼作枪套使用，可谓一举两得。

虽然手枪的命中率可以在枪托的帮助下得到提升，但是其威力与射击精度比步枪还是要差上不少。而且装上枪托以后的手枪，外形会变得较大，失去了手枪最大的优势——小巧。

但是在一些特殊的情况下，安装了枪托的手枪能够在步枪与手枪均不合用的时候使用，也不失为一种非常有效的武器。

可以安装枪托的手枪并不多，只有一部分可以自动射击的手枪才有可能装上枪托使用，但是这些手枪安装枪托的原因是为了提高射击的精确度，而不是为了携带方便将其当作枪套。

肩托枪盒的制造比较费时，而且不能用皮革或者尼龙之类的柔软材质制作，因此佩戴在腰部的时候很不方便。现在已经没有厂商继续制造肩托枪盒了。

肩托枪盒

手枪的尺寸小巧无法抵在肩部进行精确射击

↓

设想：加上步枪一样的枪托就行了吧？

↓

在不使用枪托的时候变成累赘，改装成枪套。

↓

肩托枪盒产生

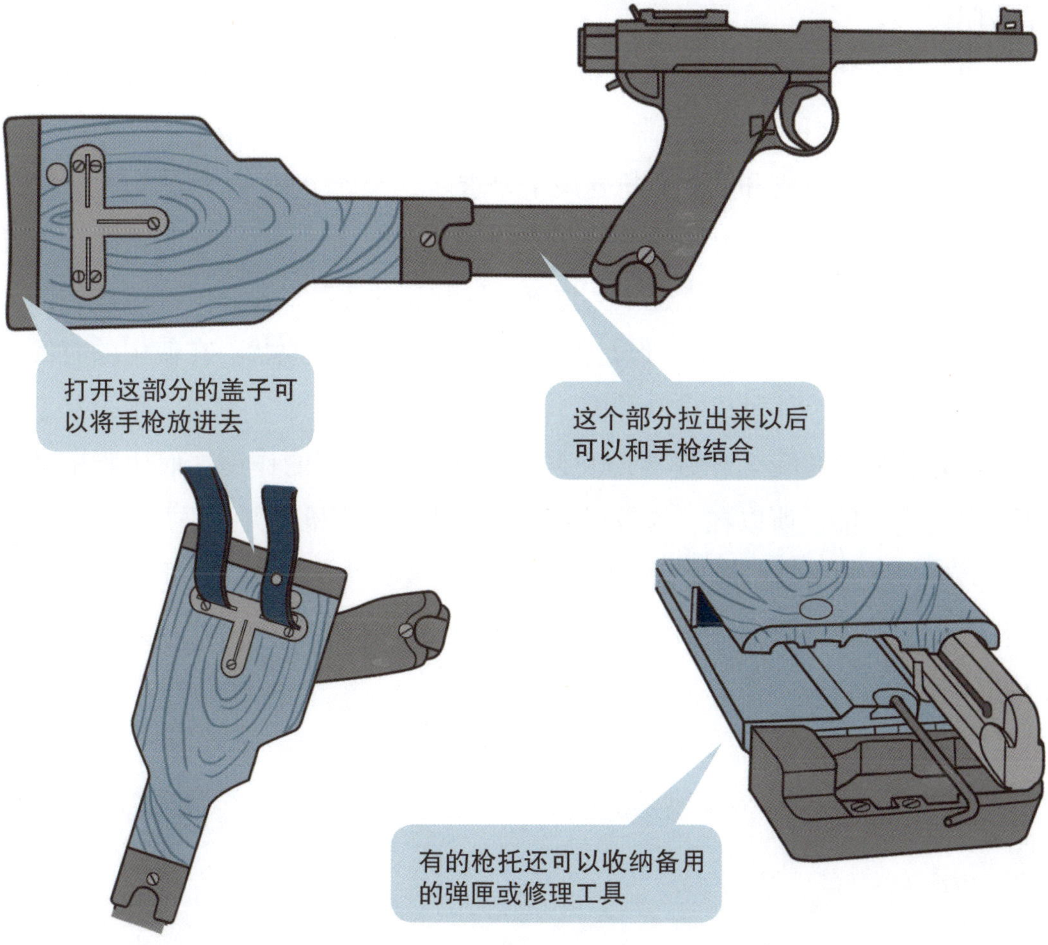

No.060 没有盖子或者扣子的枪套安全吗

在特种部队或者特种警察使用的各种枪套中，有一种树脂枪套。与一般的枪套相比，树脂枪套并没有盖子或者固定的部件。

以树脂的弹性固定手枪

枪套是用来收纳手枪的装备，为了能够安全地携带手枪，防止在活动的时候掉落，枪套上一般都会有固定的部件，固定部件一般都是盖子或者带子的形式。

使用枪套虽然能够方便地携带手枪，但是对于特种部队和特种警察来说，能够迅速的拔枪射击也非常重要，而枪套上的盖子或者带子会在拔枪的时候造成阻碍。

如此看来，固定枪支和快速拔枪之间似乎有着不可调和的矛盾。由克迪克斯（Kydex）这种合成树脂制成的枪套完美地解决了这个问题。这种树脂枪套同时满足固定枪支和快速拔枪这两个要求。

树脂枪套不是用盖子或者带子来固定手枪的，而是用自身的弹性把枪紧紧夹住，就算是跑跳、倒立也不会掉落。这和克迪克斯“Kydex”的特性有关，“Kydex”可以因外力变形，但是外力消失后就会恢复原状。在使用的时候只要握住枪柄一抽，就可以拔出手枪，不必费时解开带子，迅速进入射击状态。

但是普通的枪套盖子还有防止灰尘影响枪械性能的作用，而树脂枪套就不具备这个功能。所以在沙漠等风沙较大的地带树脂枪套并不适用。

另外，树脂枪套虽然坚固轻便，但是必须要完全按照枪支的形状来制作，无法与其他型号的枪支通用。而一般的枪套，只要枪支的尺寸相差不大，就可以互换使用。

树脂枪套

一般的枪套是用盖子或者带子固定枪支

√ 可以固定枪支
× 容易拔去
√ 通用性强

枪套盖

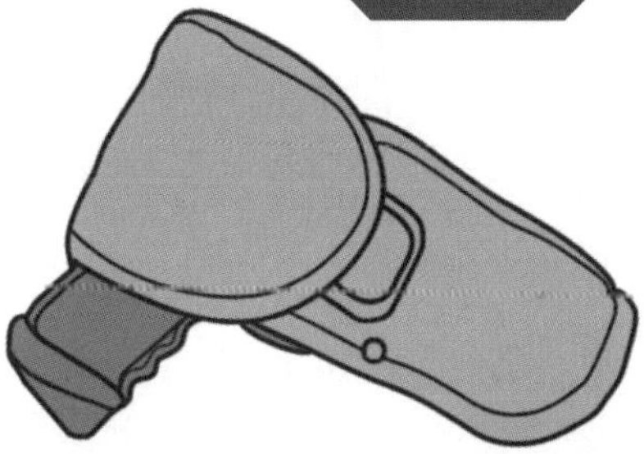

枪套带

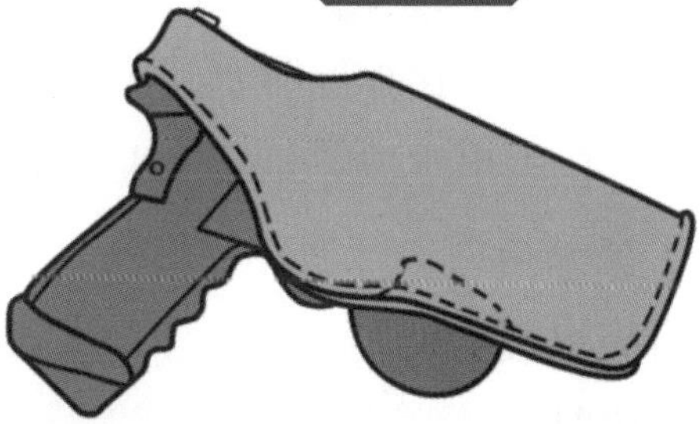

树脂枪套是以 Kydex 的弹力夹住枪支

√ 可以固定枪支
√ 容易拔去
× 通用性强

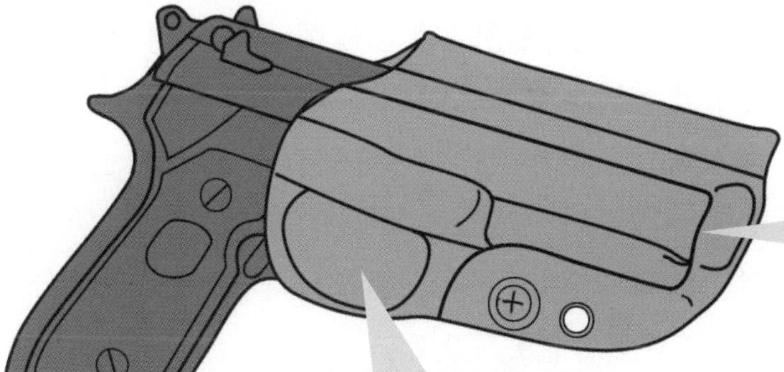

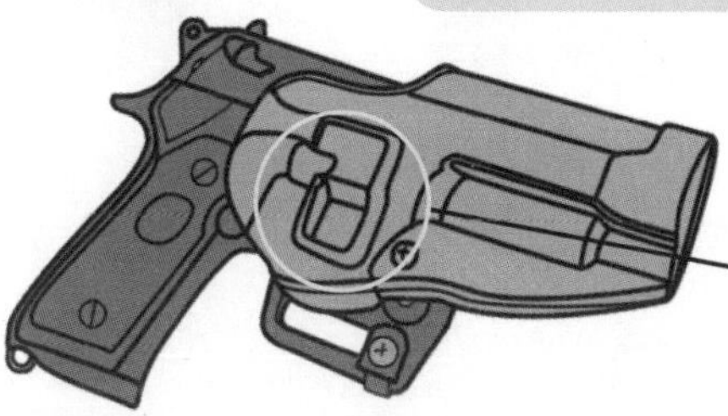

No.061 手表不适合军用吗

手表起初是为了军队方便使用而发明的，现代的手表更是具备了各种高科技性能，但是在早期，手表时常出故障，并不被士兵信赖。

军用表的要求

表是军官和士兵把握作战时间的必备装备。军用表和民用的比起来要求要高很多，比如要防水、防尘，在剧烈温差、冲撞等意外中保证正常使用。

在表出现的早期，表是贵族才用得起的奢侈品。后来逐渐普及，军队为了统一指挥，把握作战时间，也都配备了表。尤其是在战争中，在对战场进行炮火覆盖的时候，为了防止遭到己方炮弹的误伤，必须要知道己方炮击的准确时间。

美军从南北战争时期就开始使用表，但是作为装备正式配备给士兵，是第一次世界大战时的事情。

当时的表基本上都是怀表，确认时间的时候必须要把表从口袋中掏出来。后来出现了可以戴在手腕上的手表，但这时候的手表只是怀表的缩小版，使用性能并不可靠。因此有人干脆直接把怀表绑在手上使用，用来替代手表。

军用表另一个重要的要求就是统一全军的时间。但是在一般情况下，精确到秒的战斗计划并不存在，所以根据作战内容及条件的限制，在时间的精确度上也不一定会分秒不差。

军用表必须同时具备耐用程度和精准程度，而且对军队的意义也十分重要。万一出现停摆之类的情况，甚至可能关乎生死。

因此，军用表与一般的民用表相比，虽然在外形和性能上都是一样的，但是在精准度和耐用度上，必然要比民用表高出一大截。

军用表

近代军队士兵必须各自确认时间

第一次世界大战时，表作为制式装备，分配给士兵使用。

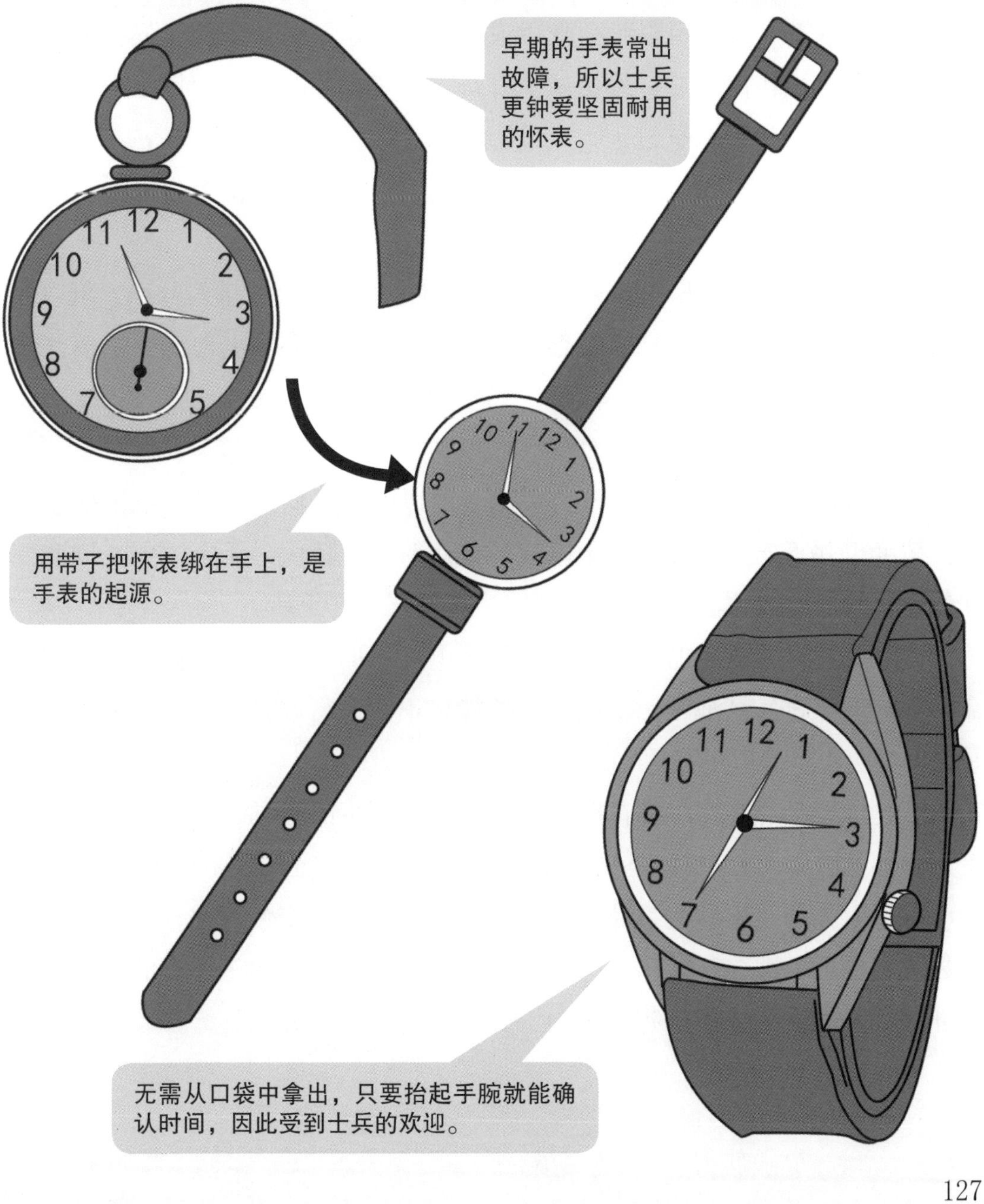

No.062 军用手电筒有什么特别之处

现代军队在夜间行动是十分正常的事情，但是由于夜视装置十分昂贵，并不能配备给所有士兵，因此手电筒必不可少。

军用手电筒的特点

军用手电筒不仅要用来照亮身边或者脚下，还要在必要的时候打信号给同伴。但是不论作何用途，尽量减少开灯，延长使用时间是使用手电筒的基本原则。

军用手电筒的亮度比起一般家用手电筒要强很多，这是因为电池的电压以及灯泡性能的原因。

普通的干电池，一般电压约为 1.5 伏。将多颗电池直线排列的话，可以提高电压，这样，手电筒的亮度就会更亮。因此，使用多颗电池的手电筒能够清楚地照亮远方。家用手电筒多使用 2 颗电池，而军用手电筒则需要用到 4~8 颗同样的电池。

电池的电力和电池的大小没有关系，所以就算是使用小型干电池的手电筒，亮度也并不弱。不过小型干电池的使用时间要比大号干电池弱，因此要准备足够的备用电池才行。

军用手电筒的灯泡也与一般家用的手电筒不同，而是性能更强、使用寿命也更长的“氪气灯泡”。手电筒的性能也不断进行改良，现在更为常见的是耗电量更小、亮度更强的 LED 手电筒。

手电筒是在暗处战斗或者搜索侦查时必不可少的工具。虽然在暗处使用发光物容易被敌人发现，但是只要能够先发制人，用强光的手电照射对方的话，也可以让对方陷入暂时的目眩当中，让对方反应速度变慢。此外，如果对方人数没有己方人数多，使用手电筒的作战效果就更为有效。还有的军用手电筒可以直接安装在枪支上使用。

军用手电筒

第二次世界大战～越战期间使用的类型，可以拿在手上或者挂在胸口照亮脚下。

装上红色或者绿色的灯罩，以明灭的方式打信号。

这时的手电筒和家用的手电筒区别不大。

这些手电筒的亮度和照射距离都比家用的强很多。

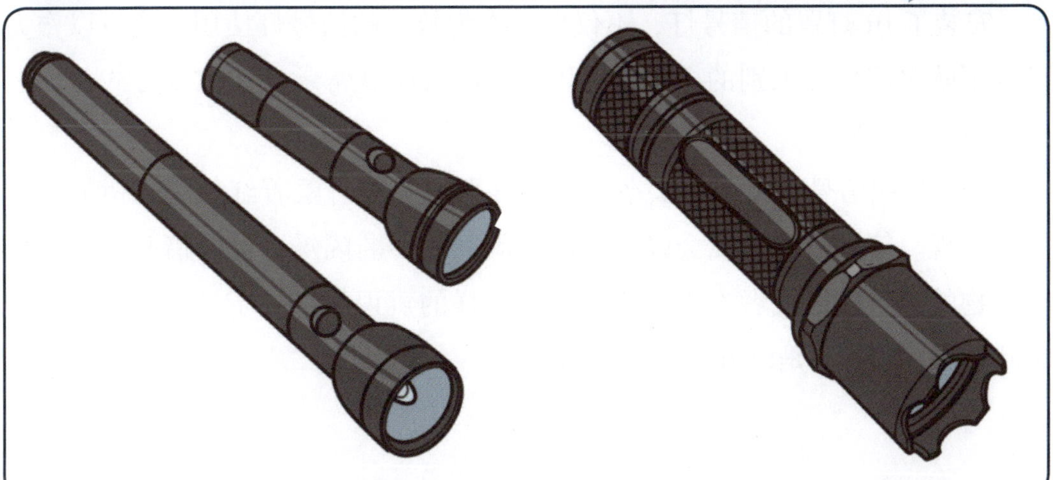

No.063 求救的时候应该用光来确认位置吗

在登山等野外活动中，用来显示自己位置的信号发生器是一种信号灯，通过光线明暗来表示自己的位置。

用光来表示自己的位置

信号灯在军队中使用范围很广，像侦查敌情的小部队、飞行员等都会配备。在深入敌军腹地或者陷入危机当中的时候，可以用信号灯发出信号，让高空搜索的己方救援或者接应的飞机知道自己的位置。

在敌人的势力范围内时，不能使用过于醒目的信号灯。信号灯的亮度非常强，就算是晴朗的白天也能从远处看到。因此，虽然信号灯非常便于求救，但是被敌人发现的话，就危险了。

为了避免这种情况，在使用信号灯的时候会加上有色灯罩，降低亮度以防止敌人发现。灯罩不仅能够降低亮度，还可以控制光线的发射范围。有时候为了不让光线扩散，会把信号灯装在专门的筒状容器当中，用来集中光线。

后来，还出现了能够将信号灯光线转变成红外线的灯罩，这种装置叫做“IR灯罩”，能把可见的光线转变成肉眼看不到的红外线，可以减少被敌人发现的可能。己方的搜索人员或者接应人员会佩戴专门的红外线眼镜，可以发现信号所在。

安装了IR灯罩的信号灯，不仅可以作为救援的信号灯使用，还可以作为己方军队之间相互识别的标识。美国海军陆战队就常常使用这种方式。那么是怎样识别的呢？

把红外线信号灯安装在头盔或者战斗服上，只有戴着红外线眼镜的同伴能够发现。信号灯的光线会以一定的时间间隔不断闪烁，可以借此辨认出目标人物的部队番号或者本人身份。不过这样的辨识信息过于复杂，通常只要判断所看到的是不是己方士兵就可以了。

以手电筒的光线引导己方军队

作为救援工具，是登山或者海难救援时必不可少的工具。

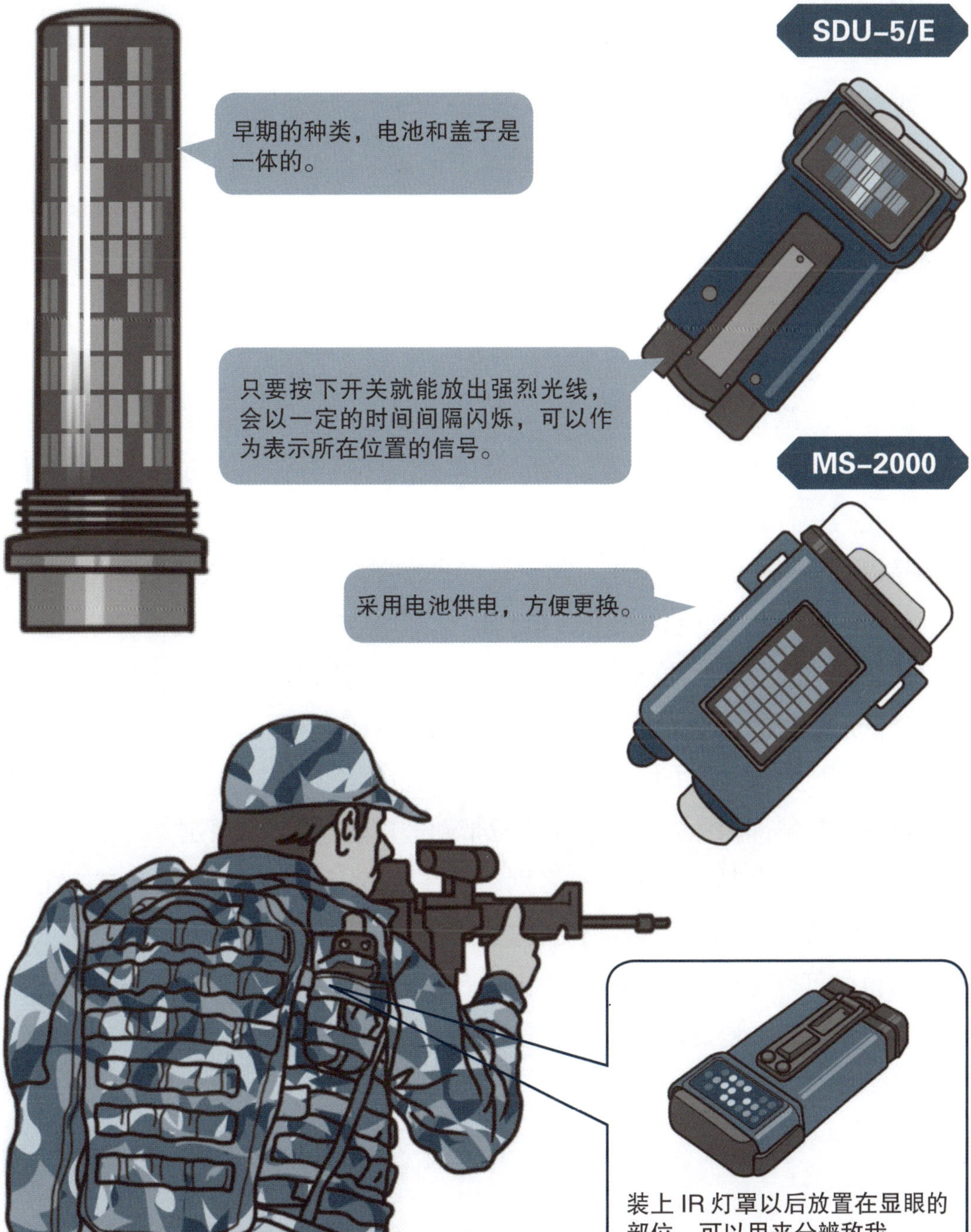

No.064 步枪的枪带有什么作用

步枪上的带子叫做“Sling Belt”，意为枪带，是用来吊挂、背负步枪的带子。

背负枪的装置

枪带是为了方便携带步枪等既长又重的枪支时所使用的装置。由于这类枪长度较长，携带并不方便，所以在非战斗状态下通常都会用枪带来帮助携带，以减轻疲劳。

装上枪带以后，沉重的枪支可以直接挂在肩上或者背在背上，在行军的时候无需双手握持，能够空出手来拿其他东西。

最常见的枪带是双点式枪带，可以将带子的两头分别扣在步枪的两端。通常用环扣、D 环等金属装置连接枪带和枪支，狙击手为了防止战斗中金属环碰撞出声，使用皮扣、皮带连接枪支和枪带。早期的带子是皮制的，现在则多是以尼龙制成的枪带为主。除了双点式枪带，还有单点式和三点式。

在战斗中，枪带也能起到很大的作用。尤其是在使用冲锋枪、突击步枪、机枪等可以自动发射的枪支射击时，可以把背带挂在肩上，枪托抵在腰部，能够降低射击时的后坐力，提高连射时的精确度。

用来吊挂大型枪支的枪带要比普通的枪带宽上很多，并且装有减压垫，这样可以减轻肩部的压力，也能防止枪带勒进皮肤里造成的不适。

以前的枪带背带和吊带略有区别，现在枪带则兼具了这两种功能，可以抑制后坐力并快速转换射击动作。这种背带就是三点式战术枪带，使用三点式战术枪带可以把枪从抵在腰部的状态下迅速转换为抵在肩部进行精确射击，此时就算松开手，枪口的方向也不会转变。

步枪枪带

枪带是在行军或者战斗时固定枪的装置

拉紧枪带的持枪方式

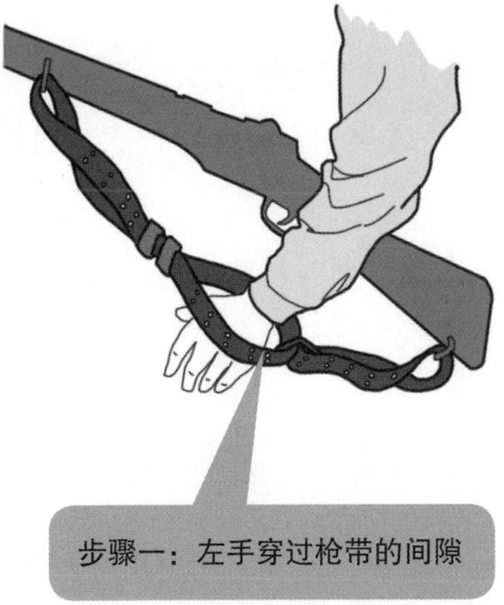

No.065 刺刀还是现代军队的标准装备吗

一提到刺刀，大家就会想到将刺刀装在步枪前端进行刺杀的场面。但是在现代的高科技战争中，已经不再进行这种战斗了，为什么刺刀还是标准装备呢？

用途改变的刺刀

刺刀（Bayonet）是军用步枪的标准配件，通常都是放在刀鞘里，挂在腰间，在与敌人进行肉搏的时候装在步枪前端使用。

在两次世界大战中，刺刀是相当重要的军械，士兵们人手一把，制造数量庞大，至今仍有大量留存。当时的刺刀有锥形刺刀和剑形刺刀两种，长度大多在20~30厘米之间。在还没有把手枪当作备用武器使用的时代，刺刀被当作步枪弹药用完以后的最后武器，现在这种功能定位已经不存在了。

按与步枪连接方式，分为能从枪上取下装入刀鞘携行的分离式和铰接于枪侧的折叠式两种。分离式刺刀多呈剑形，有的刀背刻有锯齿，并能与金属刀鞘连接构成剪刀，具有多种功能。

虽然刺刀在战斗中的作用已经大不如前，但是仍然是士兵的基本装备。因为刺刀已经被赋予了新的定位——功能型刀具，用作其他用途。因此，只能用来突刺的锥形刺刀已经不再使用，士兵携带的都是剑形刺刀，在近战和夜战中仍有一定的作用。

作为功能型刀具的刺刀，刀口会被加工成锯齿状或者锉刀状，刀柄是中空的，能够容纳药物等小物品。美军的M9刺刀是这类刺刀的典型代表，可以锯断树枝、切断铁丝等物。

随着步枪的发展，突击步枪有着慢慢缩短的趋势，刺刀自然也要随着变小。

刺刀的使用方式

目前仍被使用着，但已经很少像过去一样用于近身搏斗。

过去的刺刀

两次世界大战中的刺刀

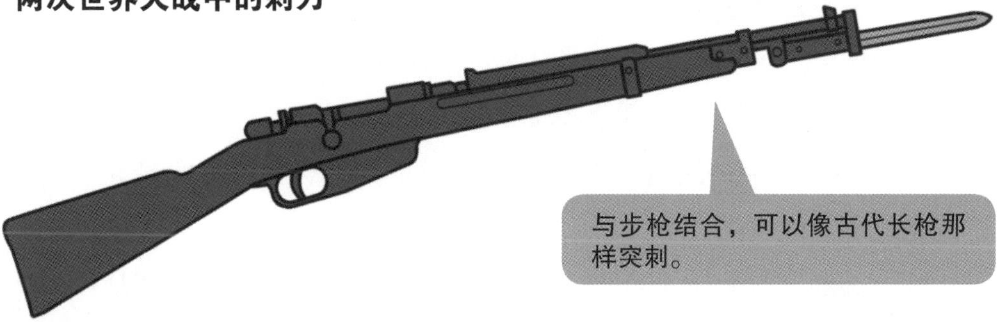

与步枪结合，可以像古代长枪那样突刺。

主要用来“刺杀”，几乎完全是战斗用的武器，刀刃很长，也有锥形的刺刀。

现代的刺刀

1990 年以后的刺刀

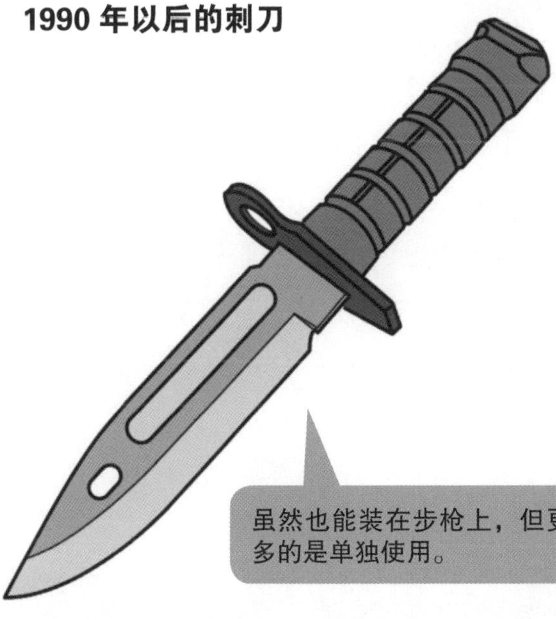

虽然也能装在步枪上，但更多的是单独使用。

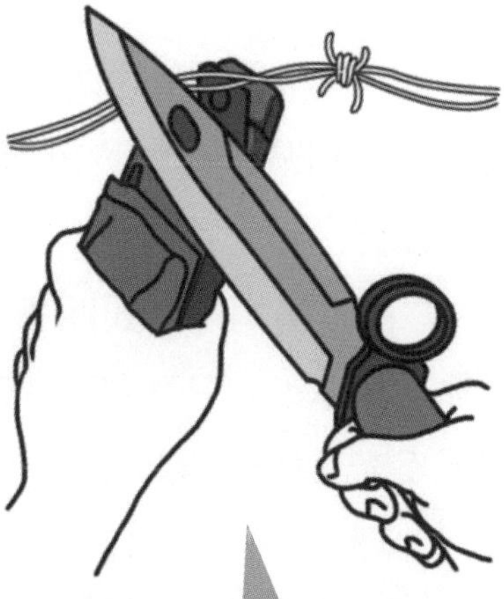

使用M9的刀刃和刀鞘配合，可以切断铁丝。

刺刀不只可以战斗，还能用作其他用途，为了方便使用，以短刀为主。

No.066 士兵都会带着类似兰博刀的刀子吗

在一些影视作品中，军人在战斗中会使用突击步枪、手枪、刀子等等武器，但是事实上，很少会给士兵配备这么多的装备。

兰博刀并不会普遍装备

在系列电影《第一滴血》中，由西尔维斯特·史泰龙扮演的约翰·兰博使用一把锯齿状的短刀大显身手。这种刀也因此被叫做“兰博刀”，其独特的外形和实用性在《第一滴血》中得到充分展示，给观众留下深刻印象，并因电影的走红而风靡世界。

这种刀子通常被称为战斗刀或者军用刀，受影片影响，让观众以为所有的士兵都会配备这种刀子。然而在实际中，把这种设计的刀子分配给一般士兵使用的情况其实很少。只有空降兵、突击部队、陆战队等特种部队在预计会与敌人进行近身战的时候，才会配备，否则都是用刺刀作为格斗用的武器。

但是刺刀长度较长，无论形状与大小都不适合在近战中使用。而且在狭窄的战壕或者雨林中，通常是一碰头就立刻打起来，步枪往往派不上用场。

虽然手枪也可以作为近战使用，但是在很多情况下，近距离瞄准比较困难，而刀子不用从枪套中拔出即可使用，十分便利。因此战斗刀一直受到士兵的喜爱，有一些士兵甚至会自行准备刀子带在身上使用。

二战是美军空降兵配备了一种 M3 突击刀，刀身前半部分为双刃构造，后半部分为单刃，刀身和其他部位的金属表面经磷化处理，呈黑灰色，无光泽，既不反光又能防锈。皮质的刀柄由 32 片经过防水化学处理之皮质垫片压制而成，并环有七条凹槽以易于握持。

并不是所有士兵都会配备

一般只有空降兵、突击部队、陆战队等特种部队在预计会与敌人进行近身战的时候，才会配备。

兰博刀

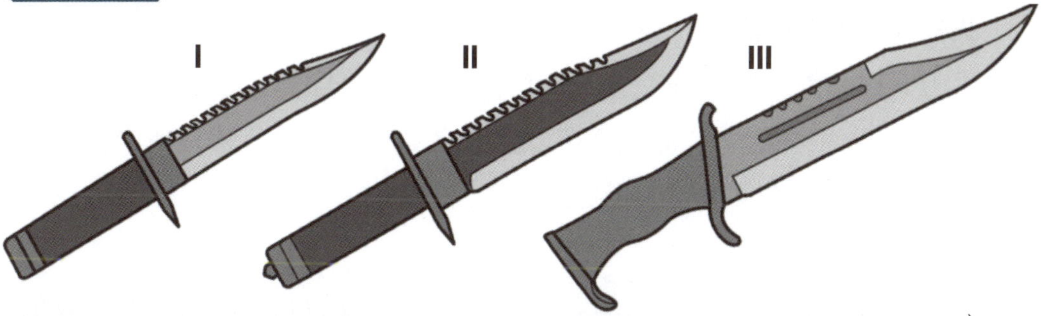

西尔维斯特·史泰龙使用的刀子是电影中特别设计的，士兵所携带的并不一定是这样的刀子。

虽然如此，在战壕、丛林等近身战中，战斗刀仍然很受欢迎。

例如

第一次世界大战中的战壕刀

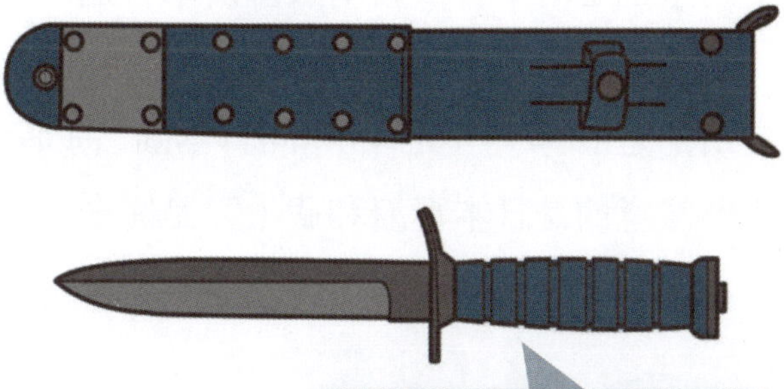

空降兵使用 M3 突击刀

No.067 现在军人还用军刀吗

军刀是军人腰间佩挂的刀剑类武器，当枪炮等远距离武器成为战斗的主要方式以后，军刀变成了仪仗指挥刀。

失去战斗力的武器

军刀又称佩剑或者马刀，一般只有将校、军官等地位较高的人物才会佩带。以前，军刀是用来近身作战的武器，轻巧的刀身尤其适合骑兵使用；现在军刀更多的作用是当作仪仗刀、指挥刀使用。

枪炮等武器成为军队的主要武器以后，士兵已经很少进行近身战斗了。在万不得已的情况下，所使用的武器也是更加有效的刺刀。而且军阶较低士兵并不会配备军刀，也没有接受过军刀的格斗训练。

此外，使用军刀的军官往往并不需要挥舞着武器冲向敌军进行近身搏斗。他们拔出军刀的主要目的是为了鼓舞己方士兵的士气，并指挥己方士兵进行战斗，其作用相当于古代作战时将领使用的佩剑。也就是说，军刀更多的是身份的象征，因此也就形成了我们通常认为的只有军官才使用军刀的观念。

当枪械的性能提高以后，尤其是现代高科技武器在战争中的作用愈发显著，以双方拼刺刀来决定胜负的战斗方式已经不派不上用场了，军刀这种近战的武器更加没有了出场的机会。

第二次世界大战中，大多数国家都已经不再使用军刀，日本比较例外。不过日本军官所用的军刀也并不是统一配备的，而是军官的私人物品，军刀的构造也是由军官根据个人喜爱来打造的。

日本军刀是明治维新以来日本陆、海军军官、士官所佩的指挥刀。尤为突出的是1934年至1945年间日本陆、海军军官所佩的颇具日本传统的指挥刀。需要注意的是日本军刀和武士刀是完全不同的两个概念。

军刀

军刀比刺刀攻击的范围小

主要是用作军官指挥战斗，而不是近身搏斗。

↓

战斗的决定性力量是枪械，而不是刀剑。

↓

大多数国家在二战中都已经不在战场上使用军刀

明治三十二年式官佐军刀

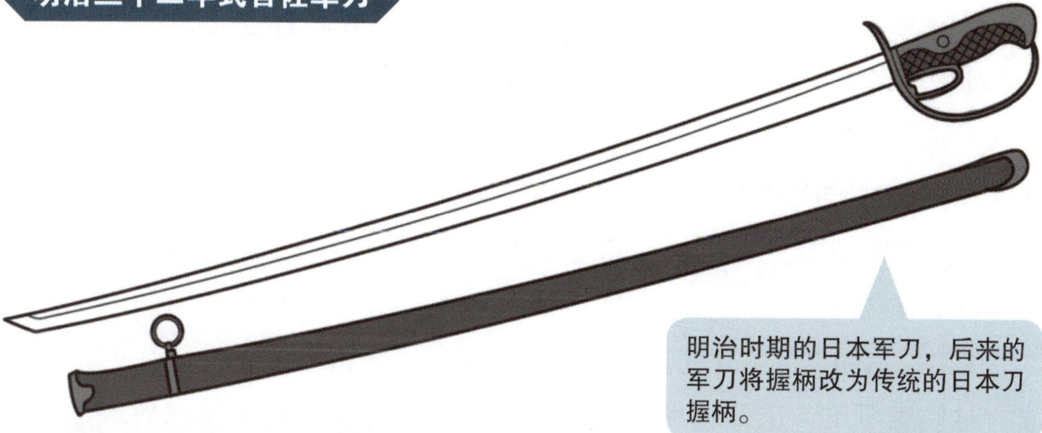

明治时期的日本军刀，后来的军刀将握柄改为传统的日本刀握柄。

九五式军刀

昭和十年（1935 年）日本的制式化军刀，为了让军官在战斗中使用而制作的。

※ 现在世界各国的军刀被定义为仪仗指挥刀

No.068 铲子可以作为白刃战的武器吗

铲子是工兵作业中不可缺少的装备，一般军用的铲子有大型铲和可供士兵携带的小型折叠铲等种类。

铲子的作用

铲子原本是用来挖掘坑道或者铲土的工兵作业工具。在军队中的主要用途是来挖掘战壕或者制造掩体，扎营的时候自然也免不了用铲子在帐篷周围挖排水的沟渠。

大型的铲子一般放在卡车或者吉普车上，在需要的时候拿出来使用，士兵个人携带的铲子，也就是工兵铲，比较小巧，可以绑在背包上。现在的工兵铲基本都是可折叠的，能够直接挂在腰部或者背包上。

对于战场上的士兵而言，必要的时候，一切东西都可以当作武器使用。所以不论是刺刀还是工兵铲，都是很好的白刃战武器。打磨锋利的工兵铲可以直接通过劈砍来攻击敌人。

工兵铲比刺刀更重更长，重心也比较靠前，因此在挥舞的时候产生的力道也更强。

在第二次世界大战以前，自动枪械的普及率相当低，士兵在近距离作战的时候想要单纯依靠枪械的话并不现实。因为手动式步枪在射击一次以后要马上重新装填下一发子弹，留出的空隙很长。而战壕战中，双方一旦相遇就立即进入了交战状态，在这种距离下，工兵铲是一种威力巨大的近战武器。

虽然士兵更常用的还是刺刀，但是使用刺刀以前必须要接受长期的刺杀训练才行。在战争时期，士兵有可能尚未接受足够的训练就已经踏上战场，尤其是一些新兵，并不能完全发挥刺刀的作用。

因此，攻击范围大，只需要挥舞就能进行攻击的工兵铲就成了一种行之有效的近战武器。而且直接劈砍往往要比看准目标以后捅刺更容易命中。

普通的铲子和工兵铲

挖掘坑道或铲土的普通铲子

士兵携带的是小型化的工兵铲，可以挂在背包上或者腰部。

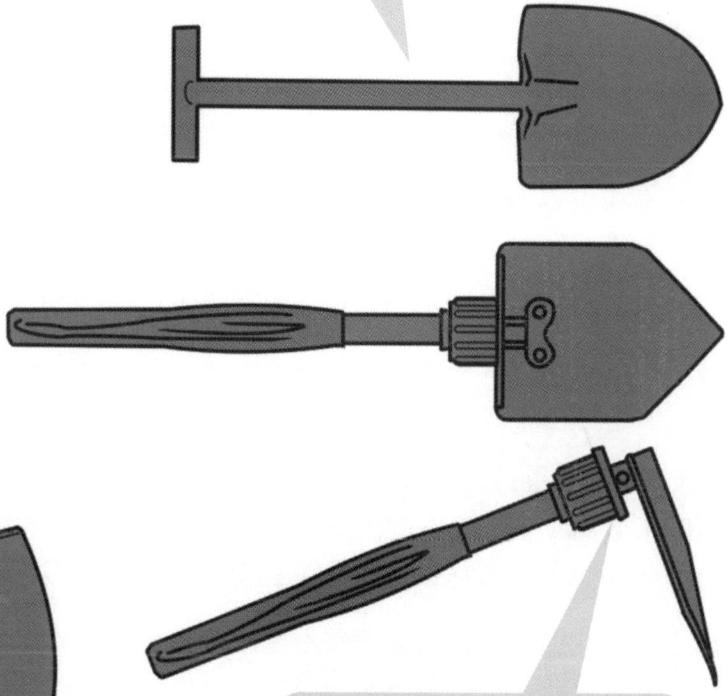

将铲子折叠成直角的时候，可以当作镐来使用。

现在的工兵铲能够折叠得很小

专题：动物的军事作用

在古代，人们就曾大量驯养马、骆驼、大象等能够骑乘的动物用来作战，骑乘动物战斗的士兵叫做骑兵。在长达上千年的时间中，骑兵都是军队中的精英，甚至是战争的决定性战斗力。

动物在许多方面的能力都要强于人类。也正是为此，自然会有人想把动物训练成为有组织的部队的想法。尖锐的牙齿、锋利的爪子等都是动物与生俱来的武器。如果可以训练这些动物攻击敌军的话，会是非常有用的战斗力。

马、大象、骆驼跑动起来的速度都很快，骑兵可以骑乘在上面，利用速度优势攻击敌人。大象还会本能地踩踏倒地的敌兵，杀伤力十分恐怖。就连能征善战的亚历山大大帝都曾吃过大象的亏。

骆驼具有很强的耐力，而且在崎岖的地形中也能如履平地，因此尤其受到运输部队的钟爱。

牛是另一种经常被投入战场的动物。在布匿战争当中的特拉西美诺湖战役（公元前217年），迦太基名将、西方战略之父汉尼拔就曾利用牛来布疑兵，战胜了罗马军队。还有些国家会用牛代替马匹，用来牵引战车。

另外还有人类的忠实朋友——狗，由于狗拥有敏锐的嗅觉以及对主人的忠心，因此虽然直接攻击力并不是很强，但是用作警戒的话却非常适合。

随着科技的发展，各种仪器和设备日益发达，动物的身影逐渐从军队中消失。在现代化战争中，动物似乎已经没有在战争中发挥作用的机会了。

第四章
其他装备

No.069 什么是野战口粮

野战口粮，也叫军用口粮。一般是罐头或者经过冷冻干燥、压缩的食物，可以直接食用或者加热食用。

高能量的快捷口粮

在中国古代有一句俗话，“兵马未动，粮草先行”，可见粮食在战争中的重要作用。直到第一次世界大战为止，军队的粮食都是从当地调度或者由后方输送。

但是到了第二次世界大战以后，部队的机械化能力大大加强，补给的速度很难跟上。而烹煮食物会产生烟雾，很容易被敌军发现。加上有的国家、军队在撤退的时候会采用破坏当地资源，坚壁清野的方法，防止敌人使用。想要在当地调度粮食变得越来越困难。

因此，士兵在前往战场的时候不得不自行携带粮食，从而产生了不需要烹煮，可以立即食用的应急粮食——有军队统一配发的单兵野战口粮。

野战口粮要求便于携带，而且保质期要长，还要统一规格包装，越轻便越好。

早期的野战口粮大多是玻璃瓶、金属罐装的，这种包装虽然能够统一包装，方便运输，但是由单兵携带的时候却略显重了一些。由于玻璃瓶比较易碎，金属罐又必须使用开罐器才能打开，后来便采用袋装。

野战口粮发展到今天，已成为系列化、配套化、餐化、热食化、功能化全面的野战口粮。

如今各国的野战口粮经过几代的发展，已经日益成熟。野战口粮热食化是野战口粮发展的一大方向。在海湾战争中，美军的无火焰口粮加热器发挥了巨大的作用，引起了世界各国军队的密切重视。

野战口粮 = 方便食品？

野战口粮是军队的应急粮食

↓

以个人为单位分量包装，分配到士兵或者作战单位。

↓

无需烹煮，可以马上食用。

早期

- **玻璃瓶**
- **金属罐**

→ 较重
易碎
需要开罐器

袋装
坚固度不够

→

现在

- **罐头和袋装食品组合**
- **冷冻干燥**

野战口粮的特点

1、体积小、重量轻，携带使用方便；

2、营养全、热量高，可快速补充能量，满足训练和作战需求；

3、耐贮藏（贮藏期一般为 2 年以上，易于贮备），可保障战时需要；

4、主食、副食、饮料齐全，组合包装，易于食用，接近正常膳食。

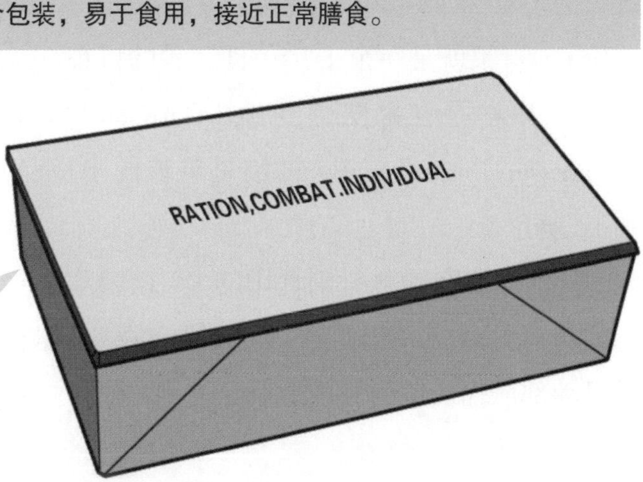

美军的野战口粮“RCI”
（Ration Combat Individual）

No.070 C- 口粮是什么

C- 口粮是美军在第二次世界大战中研制出来并配备军队的野战口粮，那么这个“C”是指什么？

1
2
3
4

“C”的含义

曾有人猜测 C- 口粮里的“C”是不是“Combat”（战斗）的缩写，也就是 C- 口粮 = 战斗用粮食。那么这样究竟对不对呢？

在二战中，美军配发给士兵的口粮有一种 C- 口粮十分有名，但是在这里，“C”并没有其他深刻的含义，同时期还有 A- 口粮、B- 口粮、D- 口粮等一连串用来表示口粮类型的编号。

C- 口粮（C-Ration）是一种罐装预制的湿式口粮。C- 口粮最早是由美国陆军提出，用在新鲜食物 A- 口粮和包装好的非熟食 B- 口粮难以取得或条件过于恶劣使战地厨房无法展开，以及在紧急口粮（K- 口粮或 D- 口粮）短缺时食用。

C- 口粮的发展起始于 1938 年，并在 1940 年开始战场测试，之后就被大规模采用。

在一份 C- 口粮里有六个罐头，其中 3 个是汉堡、土豆泥肉等肉类食品，称为 M- 单元；另外三个罐头则是面包、咖啡、糖果等，称为 B- 单元。每个罐头的容量为 12 盎司（约 340 克），每份套餐为一个 M- 单元 + 一个 B- 单元，一份 C- 口粮就是一个士兵一日三餐的口粮。

A- 口粮是在部队驻扎地（Garrison）烹制的新鲜食品，因此也被叫做“Garrison-Ration”。B- 口粮是罐装的半成品食物，需要的时候在战地厨房加工即可。

其他还有在紧急时刻食用的 D- 口粮和 K- 口粮，D- 口粮是用来补充热量用的巧克力棒。K- 口粮是只配发给空降兵、坦克部队、摩托化部队等机动部队，供机动部队作为临时性的食物，由硬饼干、干腊肠、硬糖、巧克力等组成。

何谓 C– 口粮

C– 口粮的“C”不是 Combat 的缩写，只是区别口粮类型的代号。

二战时美军的口粮种类

A– 口粮

在部队驻扎地(Garrison)烹制的新鲜食品。

B– 口粮

罐装的半成品食物，需要的时候在战地厨房加工即可。

C– 口粮

罐装食品，在无法提供 A– 口粮和 B– 口粮的时候食用。

D– 口粮

紧急时用来补充热量的食物，高浓缩的巧克力棒。

K– 口粮

空降兵、坦克部队、摩托化部队等机动部队的口粮。

所有的口粮都可以称为“战斗口粮（Combat Ration）”，因此在理解上认为 C– 口粮是战场上士兵使用的口粮，将其解释成战斗口粮也不算错。

No.071 野战口粮如何加热

液化气、汽油等液态燃料的炉子，使用起来虽然很方便，但是在燃料管理和补给上需要耗费很大的功夫。

使用固体燃料的便携炉

士兵在加热口粮或者泡咖啡的时候，大多数是使用固体燃料。固体燃料与液态燃料相比，管理和使用都更加简单，而且固体燃料不密封也不会挥发，就算淋湿也能继续使用。

使用固体燃料的加热工具叫做便携炉，比较常见的固体燃料有：将甲醇化学处理以后的白色酒精块、加入油脂混合制成的形似蜡烛的固体酒精。

固体酒精块就像一个大号的药片，一块的重量大约为 50 克。使用的时候将固体酒精放入金属制的炉子当中点燃。单块的固体酒精块燃烧效率并不高，通常在使用的时候会一次性点燃三个酒精块，之后再以两个为单位追加燃料。

用来盛装蜡烛一样的固体酒精的罐子俗称“酒精罐”。酒精罐的尺寸不一，一般可燃烧 40 分钟 ~2 小时不等。与酒精块不同的是，酒精罐可以在使用途中熄火。但是使用过的酒精表面会出现一层膜，下次使用的时候必须要先把膜刮开，否则会影响燃烧的火力。

这两种固体燃料在使用的时候都需要用火柴或者打火机来点燃，偶尔也会有所不便。不需要使用打火机或者火柴点燃就能进行加热的是加热包（Mre Heater）。加热包在使用的时候只要往里面加水就能持续发热 20 分钟，不论天气如何都能用来加热食物。

加热包的发热原理是用石灰之类的材料和水产生化学反应而来，在日常用品中也有用同样的原理来加热饭盒的产品。也可以把加热包当作热水袋使用，但是加热包在发热的时候会产生氢气，使用当中要小心起火。

固体酒精炉和加热包

使用固体燃料的酒精炉

酒精块燃烧时产生的热量有限，不适合用来加热大量的食物。

酒精块

酒精罐

德国制的固体酒精炉

金属制的炉子温度很高，尼龙放在上面会立即熔化。

餐馆常用的这种炉子也是固体酒精炉

不用点火就可以加热的加热包

在袋子中加水后就可以发热，加热包使用的发热材料不同，有的加热包在发热的时候会产生毒气。

No.072 最合适的军用口粮是罐头

拿破仑曾悬赏用12000法郎征求一种长期贮存食品的方法。最终找到了一个好办法：把食品装入宽口玻璃瓶，用木塞塞住瓶口，放入蒸锅加热，再将木塞塞紧，并用蜡封口。这样，最早的罐头出现了。

注重保质期的罐头

在任何时候，食物都是人行动力量源泉。军队在行动当中，为了保证食物的供给，不过分依赖从当地调度粮食，最先使用的方法就是将食物加热杀菌以后制成罐头。

以这种方法处理的食物可以在常温下长期保存，但是玻璃在碰撞以后容易破碎，所以使用起来并不方便。

之后英国人发明了用来替代玻璃容器的金属罐。金属罐的盖子和罐体是焊接起来的，需要食用的时候用凿子和锤子才能打开。开罐器发明以后，金属罐头越来越受到欢迎，大为普及起来。

但是也开始面临一个新问题，那就是在部队行进途中会留下许多使用过的空罐。虽然挖洞掩埋可以处理，但是也并不能解决这个问题。即便是有着这样的不足，由于金属罐头坚固耐摔的特点，在很长一段时期内仍然是野战口粮的主要储存方式。

罐头除了可以装入经过干燥和防腐处理的食物以外，还能装如咖啡、红茶、奶粉……等饮料，或者奶糖、硬糖、巧克力等甜食。

后来出现更加轻便的袋装口粮。以美国的MRE口粮为例，它采用“湿裹法”制作，用聚酯、铝箔、聚丙烯三层复合薄膜包装，它可以无需冷藏的情况下保存5年之久。军粮的包装具有防摔防弹功能，适合用降落伞空投，士兵需用刺刀才能打开。另外，MRE口粮每隔几年就改良一次口味和菜单，已从当初12种菜单发展到24种。

从罐头到袋装口粮

把食物装在玻璃瓶当中

很容易打破

把食物装在金属罐当中

之后

比较重、食用的时候需要开罐器，但搬运方便，很长一段时间都是军队贮存口粮的主要方式。粮。

把口粮装进袋子里

起初的袋子比较薄，容易破损，后来使用复合薄膜。由于携带方便，加热时间短、味道较佳等特点受到士兵喜爱。

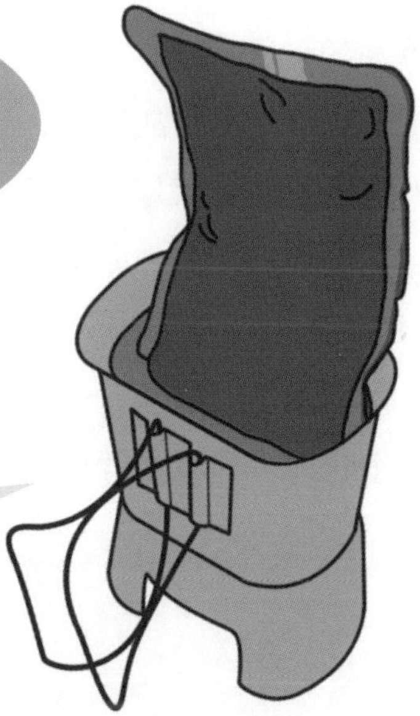

可以用大锅或者个人用饭盒、水壶的杯子来加热。

No.073 野战厨房能提供热饭吗

野战口粮可以在严苛的环境当中保存很久，具有很高的热量，可以补充士兵战斗所需的能量。但是在有条件的时候，还是新鲜的食物最好。

野战厨房

战场上士兵所承受的压力远在我们想象之上。在巨大的压力下，士兵有可能无法发挥出本身的全部能力，甚至会影响到身心健康，不得不退出战场。

吃东西是很好的消除压力的方法之一。因此野战口粮不仅仅只有压缩饼干和巧克力棒那样补充热量的食品，在口味以及菜单的变化上也需要尽可能的改善，避免士兵厌烦。这样做对于消除士兵的压力有着十分重要的意义。

到了第二次世界大战以后，部队的行动从徒步、骑马发展到依靠机动车辆、飞机，士兵的口粮补给方式也因此发生了巨大变化，从以往的后勤补给和就地调度发展到了野战口粮。

在徒步行军的时代，炊事人员可以和部队一起行军，驻扎的时候，士兵可以吃到热腾腾的食物。但是随着行军方式机械化，士兵慢慢就只能依靠野战口粮来果腹了。

然而野战口粮用于应急状况的时候十分有用，若是长期让士兵吃这种口味单一的食物，会对士兵的士气造成影响。因此就出现了可以在前线为士兵提供新鲜食物的野战厨房，或者叫做野战炊事车。

德国依靠其雄厚的汽车工业基础，在炊事车辆研究领域一直处于世界前列，是世界炊事车技术的先导。德军现有炊事车型号 30 多种，其中 MFK375-G-2EDB 组合式野战炊事挂车，是上世纪 90 年代野战炊事装备的更新换代产品，该车可分解成 4 个独立的炊事单元，每个单元的保障能力为 2 名操作人员 2 小时内可提供 250 人份的热食。

野战炊事车

新鲜的食物对保证士气有着很大作用

第二次世界大战中德军使用的“野战厨房”

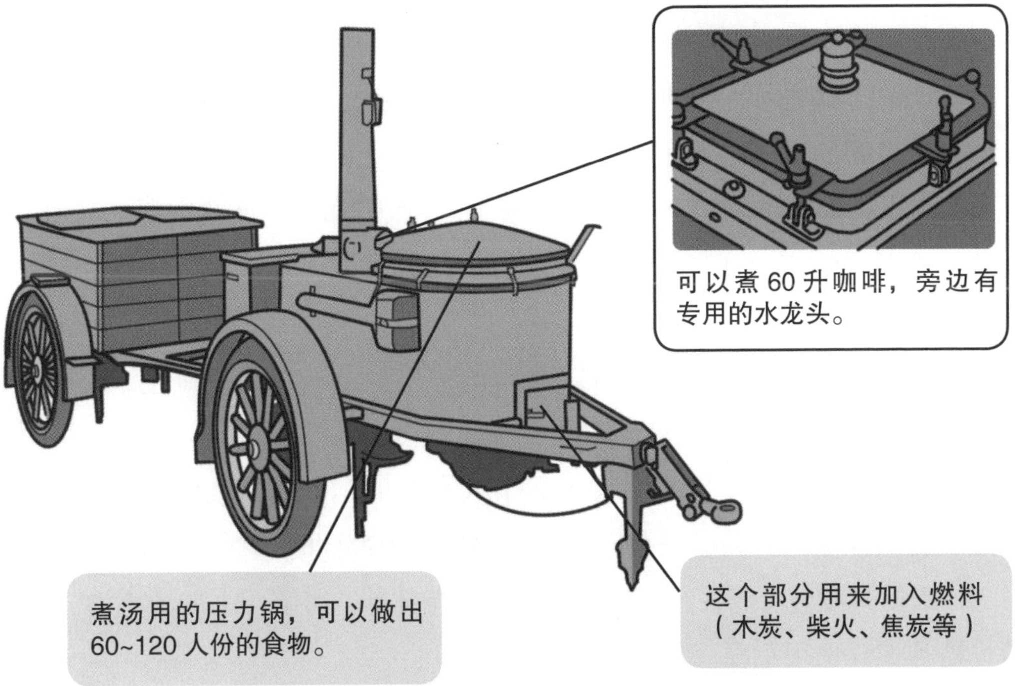

日本陆上自卫队的“野外厨房一号”

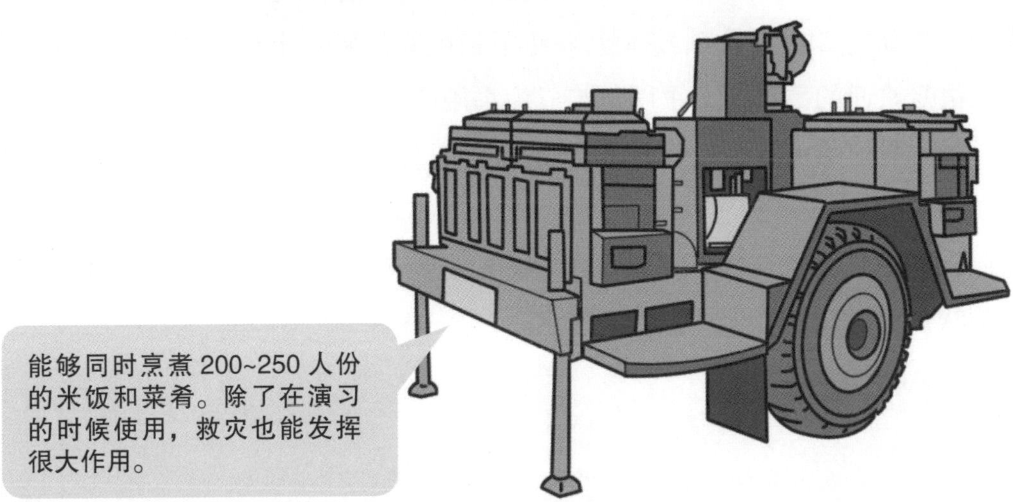

No.074 咖啡和红茶可以提高士气吗

士兵在战场上不仅仅要保证水的补给，在配备的口粮中还会有咖啡或者红茶之类的饮料，可以帮助士兵消除压力，提高士气。

咖啡因和甜食能够消除压力

咖啡中的咖啡因有消除睡意、提神醒脑的效果。另外据说还能提高食欲，让士兵有足够的胃口吃下并不怎么美味的野战口粮。

美国人喝咖啡的习惯奠定于欧洲移民大量增多的 19 世纪中期，当时美军的菜单中就已经包含了咖啡。南北战争期间还发明了把咖啡、砂糖、奶油球做成膏状的即溶咖啡。

饮用红茶则是英国人的传统。英军的口粮中有粉状的奶茶包，很受英军士兵的喜爱，对维持士气起到了很大作用。

然而咖啡和红茶常常都会有士兵个人喜恶的问题，而红茶中所含的咖啡因并不比咖啡低，所以后来在许多国家的口粮中都同时包括了红茶和咖啡。

除了饮料以外，能够暂时解除疲劳、维持体能、缓解压力的巧克力、糖果、口香糖等零食也很重要。

尤其是巧克力，还兼具补充热量的功能，作为能量食品也非常有用。但是在热带地区作战的时候，要如何保证巧克力不会融化，军方曾经花费了很大功夫去研究。后来这项技术也被使用到民间的零食上面，同时会把民间的一些很受欢迎的零食换上军用包装成为军用的口粮。

军队所配给的零食的定位不是零食，而是“补给能量的紧急粮食”。所以如果在平时就因为嘴馋而把零食吃掉，在真正需要的时候就要头疼了。为此，军队的零食常常会故意减少甜度，或者做成略苦的口味来降低它们的美味。

咖啡的功能

根据二战时德军和美军的研究，“咖啡可以提高士兵的士气”。

消除睡意、提神醒脑 = 帮士兵消除疲劳

促进食欲 = 吃得下并不美味的口粮

各国的口粮都包含咖啡

不只咖啡，红茶、可可等含有咖啡因的饮料也具有同样的效果。

在战场上常常会把并不适于饮用的水过滤、煮沸来喝的情况，咖啡、红茶等能够让这种水变得好喝。

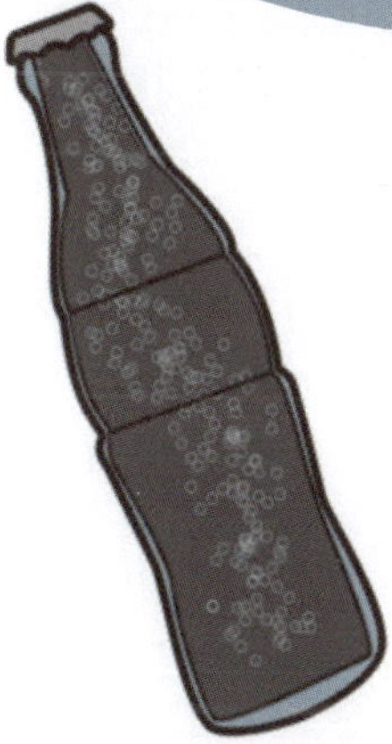

可乐或者巧克力也含有咖啡因，所以大量送往前线被当做粮食类物资。

No.075 使用便携炉应注意什么

军队在扎营的时候，基本上都是用便携型的瓦斯炉或者酒精炉来加热食物，瓦斯炉的燃料一般有汽油、柴油、液化石油气等。

瓦斯炉

在前线不能搭灶的时候，士兵会从炊事人员那里领取烹煮好的食物，但是因为人数众多，从领取食物到食用往往要耗费很长的时间，食物可能会变凉。而且在罐头或者袋装口粮等野战口粮普及以前，士兵分配到的食物都是用饭盒盛装的浓汤状食品，必须要加热才能食用。

这时候如果能生火食物重新加热的话自然最好了，然而在前线能够生火的情况并不常见。因此，在军中常常会配备小型的便携炉。以前有一种汽化炉，使用的是汽化的燃料，也就是对汽油等燃料进行加压使之汽化。汽油在战场上很容易取得，但是要加压汽化，则需要耗费一些功夫。

虽然汽油也可以直接点燃，但是在使用当中常常会因为意外引发灾难。因此，使用煤油、酒精等液态燃料的火炉也十分常见。

现在军队使用的是瓦斯炉，与登山、露营所用的基本一样。初期的瓦斯炉火力并不令人满意，所以虽然它具有构造简单、体积小、重量轻、不易发生故障等优点，但大多数情况下都是作为油炉的备用品而已。经过不断的改良后，目前瓦斯炉的火力已优于大部份油炉，而且很多瓦斯炉都附带有自动点火装置，在使用上极其方便。

瓦斯与其他燃料相比，最大的优势就在于点火容易，并且不需要担心燃料泄漏。

瓦斯炉在连续使用以后，随着罐内压力的降低，火力会减弱，因此会装上可以把热量传到瓦斯罐的低压调节器。

便携炉

燃料通常是液态燃料或者液态瓦斯

M1942

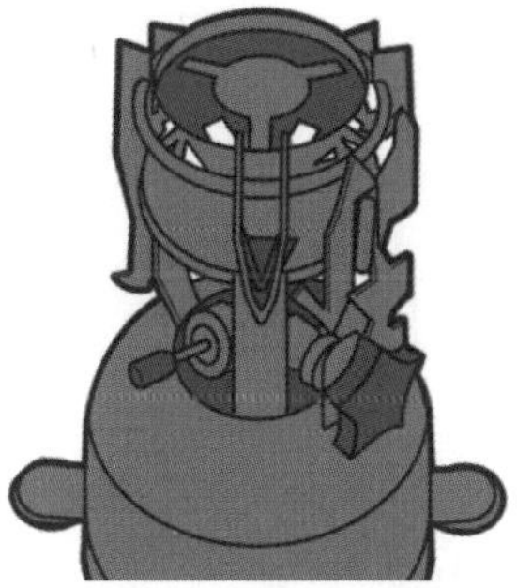

不使用的时候将手臂折起来收纳到箱中。

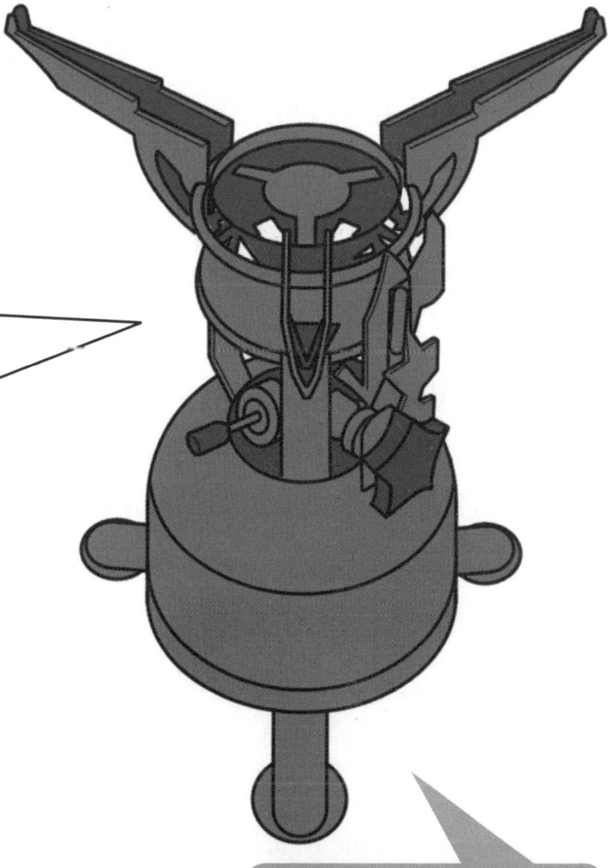

燃料主要是汽油、煤油、酒精等。

登山或露营用的瓦斯炉，因为使用方便，军队也已经采用。

※ 注意：液态燃料在使用当中会有燃料泄漏的危险，但是瓦斯罐不注意使用的话也会因为过热发生爆炸。

No.076 前线的士兵都能分到香烟吗

香烟有缓和战场的紧张气氛和恐惧的功能，以前会把香烟和咖啡、红茶等口粮一起配发给士兵。

不抽烟的士兵可以用来交换东西

现在，人们把香烟看作是各种疾病的根源，是健康的大敌。然而在20世纪80年代以前，香烟一直是被当作一种普通的爱好品来对待的。因此会把香烟当作士兵的必需品，与咖啡、红茶等口粮一起配发给士兵。

军队中自然也有不吸烟的士兵，那么这些定额分配的香烟就成了多余的物品；而一些烟瘾很重的士兵，则常常会抱怨配发的数量太少。因此，军队中常常会出现用香烟来交换其他物品或者直接卖给吸烟者的情况。

抽烟的时候自然需要点火，而战场上可能会因为风力太强或者湿气太重，导致火柴无法点燃。虽然也有防水火柴之类的东西，但是士兵更中意打火机。

专门为野外使用而设计的打火机有许多种类，其中最方便的要数能够防风的“气体打火机”（Gas Lighter）。Gas Lighter可以说是缩小版的瓦斯炉，它有一个小号的气体喷嘴，火力比较大。除了点烟之外，还能用作其他生火用途。

但是Gas Lighter在使用当中必须另备能够充用的气体燃料，而使用液体燃料的Oil Lighter除了专用的燃料以外，还可以使用战场上非常容易获取的汽油，所以深受士兵喜爱。

Oil Lighter中最为知名的就是“Zippo”打火机。Zippo不仅具有极强的设计感，而且非常坚固耐用，厂商更是号称永久保修。从1932年生产开始，在世界各地出现了不少专门收藏Zippo的收藏家。

为了减轻压力

在战场上，吸烟能够帮助士兵减压和消除不安。

不抽烟的士兵，会用香烟来与同伴交换东西。

作为点火工具，防风又容易取得燃料的 Oil Lighter 很受欢迎。

No.077 睡袋是野外最方便的寝具吗

对士兵来说，睡眠是恢复体力的重要方式。睡眠不足的话会导致士兵体力下降、注意力不够集中。

重要的保持体温

睡袋是袋装的寝具，可以阻隔冷气与强风，保持一定的睡眠舒适度。军队中使用的睡袋是预设为在 -10 度 ~10 度左右使用的。

睡袋表层防水性能和透气性能都很优秀，印有迷彩花样。内部则十分密闭，保温性能良好，是士兵睡眠使用的基本装备。甚至有很多士兵在营地中，也会把睡袋铺在折叠床上睡觉。

常见的睡袋有三种形状，木乃伊式，信封式以及啤酒桶式，基本上都是用尼龙或者聚酯纤维等材料支撑，再采用强化缝制的方法，防止睡袋出现损伤以后破洞越来越大的情况。

睡袋是采用拉链拉拢。早期的睡袋拉链做在外侧，无论是拉开或者拉拢都很花时间，还出现过因为遭到敌人夜袭而来不及拉开睡袋就被杀死的悲剧。在这以后，对睡袋内侧的拉链加装了拉链头，或者改良为无论内外都可以拉上拉链的形式。

有时候士兵不得不在山地、岩石等不平坦的环境中睡觉，这时候会在地面上铺上具有隔热效果的氨基甲酸酯制成的垫子，然后才铺上睡袋睡觉。也可以使用灌入空气后膨胀的气垫，气垫内的空气必须要足够保证士兵躺下以后身体不会接触到地面才行。

无论是选择垫子还是床，其目的都是为了保证士兵不会直接与地面接触。因为地表的冷气会吸收身体的热量，导致失温。

野外的寝具

睡袋的种类

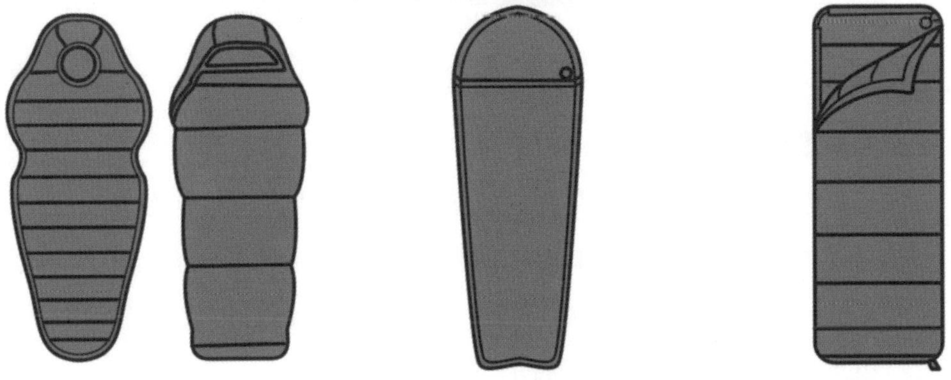
木乃伊式
啤酒桶式
信封式

使用帐篷时，将睡袋放在折叠床上睡觉。

氨基甲酸酯支撑的垫子即使折起来也很占空间，但是重量轻，隔热效果好。

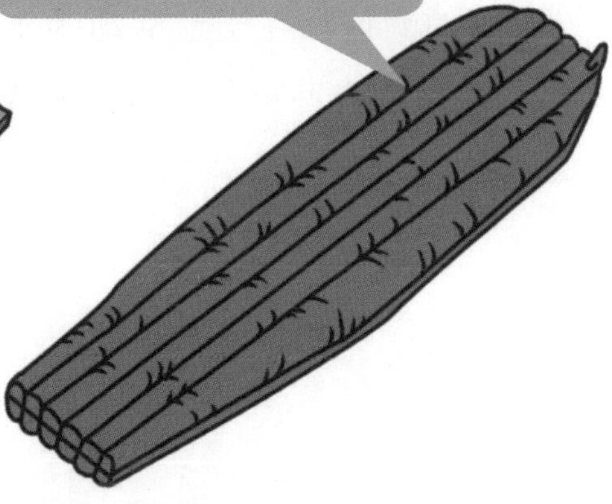
使用气垫的时候要注意有没有破洞，另外气垫也可以当做浮板使用。

No.078 军用帐篷都是过时的款式吗

帐篷是在野外露宿时需要的装备，军队在野外扎营休息时，帐篷必不可少。

数量太多难以管理

军队的帐篷为了保证耐用度，必须做得十分厚实又足够坚固。通常使用的是和军用卡车、吉普车的盖布相同的帆布。帆布相当坚固，但是质地很重，触感比较粗糙。因此军用帐篷无论拆开或者打包收起的时候都相当费力，而且在清洗的时候必须要用刷子和清洁剂用力刷洗才行。

民间的登山用品或者户外运动装备和军用帐篷比起来要轻便得多。人们平常用作登山或者露营的帐篷要求十分明确，不仅要轻巧坚固、而且必须使用方便。那么为什么军队依然采用帆布这种老旧的材料制成的老式帐篷呢?

这和经费有着巨大的关系，数量庞大的军队更换任何一种装备都需要大量的经费。而且相比于帐篷这种还能继续使用的生活用品，军队的经费在分配上更多的是以战车、战斗机等大型装备为先的，因此更换帐篷之类的装备就会不断推迟。另外，军队的人数众多，需要的帐篷数量也可谓是一个天文数字，要将所有的帐篷都淘汰更新，是一项非常浩大的工程。

军用帐篷有 2 人用的圆顶帐篷、班用的 10 人帐篷、作为指挥所的大型帐篷，等等，种类非常多。大型帐篷可以作为急救中心、通讯中心等。还有一种大型的充气式帐篷，可以容纳整架直升机作为掩体使用。

帐篷的颜色和在当地活动的士兵战斗服大致相同，为了便于伪装，通常统一为绿色或者灰色。在沙漠或者雪地中会根据实际环境而使用相应色彩的帐篷。

军用帐篷比较老旧的原因

军用帐篷从大型到小型，种类很多，数量也非常巨大。

更新换代需要很多时间和精力

能够继续使用的时候就继续使用

经费是很重要的原因

所以军队依然使用以前的帐篷

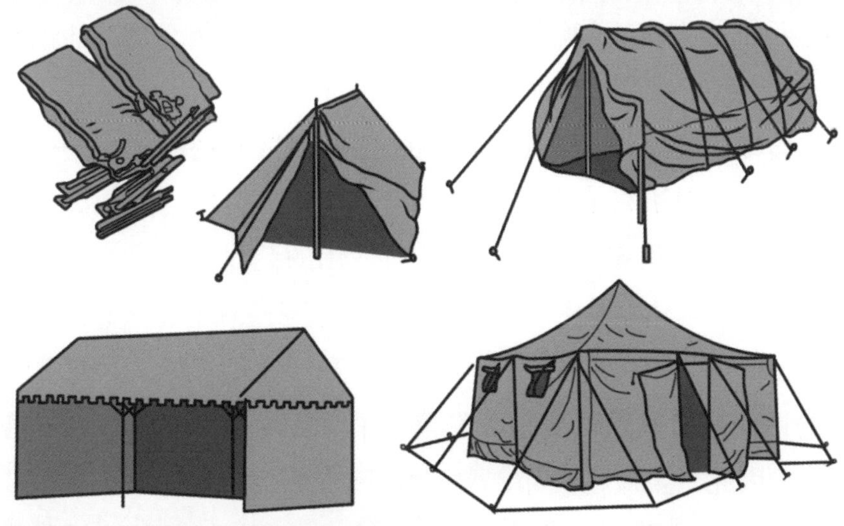

ICS（Improved Combat Shelter）

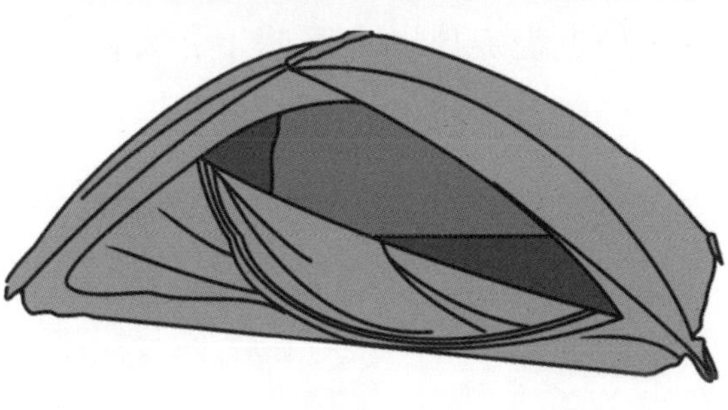

近年来，开始普及的小型轻量步兵帐篷。

No.079 野外无线电的发展

在战斗中，想要在不被敌人发现的情况下进行信息传递的话，无线电对讲机是一种非常有用的工具。

以前要背着的无线电对讲机

无线对讲机，又叫无线步话机，因旧式军用无线对讲机一般是背在通信兵背上，一边步行行军一边通话，因而有了步话机这个称呼。

无线装置刚被应用到战争中的时候，体积比较大。这对于战车或者飞机等大型装备倒没有多大影响，但是步兵部队想要使用无线对讲机的话，就要背在背上跟随部队移动才行。

现代军队中无线电的普及率越来越高。美军非常重视即时情报，所以尽可能地让士兵都能携带无线电装置。但是由于条件限制，也只能以班、排为单位配给一部无线电装置。这里所说的无线电装置是“可以收发信号”的类型，只用来接收信号的接收器，则几乎所有的士兵都已经装备。

现代的无线电对讲机变得越来越小型，以班为单位的短距离无线电对讲机只有手机这么大，而排一级作战单位所使用的无线电对讲机大小与笔记本电脑差不多。

大部分无线电是以手持式的麦克风和扩音器通信，但是如果要在战斗中保持通讯的话，就要使用耳麦来收发信号了。耳麦是把麦克风和扩音器合为一体的产品，因此只要戴在头部，两手就可以空出来了。

一般的耳麦是从耳部延伸到嘴边来说话，但是如果是坦克兵或者直升机飞行员的话，会由于发动机、螺旋桨等机器的杂音太大，所以无法清楚地把自己的声音传达给对方。这时候会使用一种把麦克风贴在喉咙上，直接接受声带振动的“喉振式麦克风”。

无线装置的发展

以前的无线电对讲机体积比较大，要背在背上才能使用。
下半部分是电池
电池的续航能力约为 20 个小时

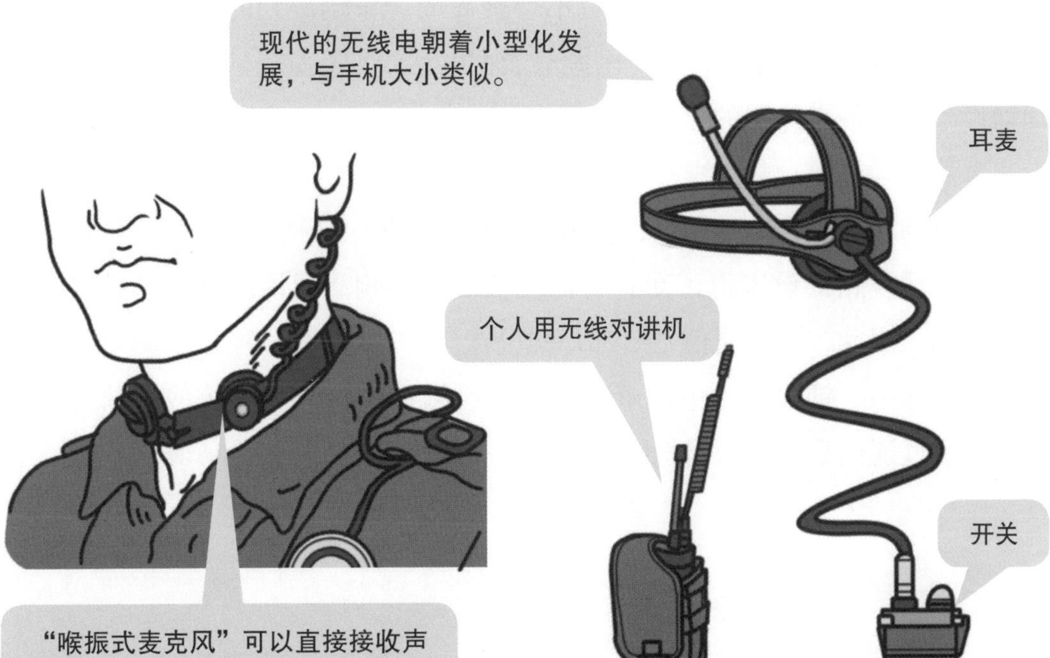
现代的无线电朝着小型化发展，与手机大小类似。
耳麦
个人用无线对讲机
开关
“喉振式麦克风”可以直接接收声带的振动，不会被周围的噪音影响。

No.080 有线通信需要专门铺设线路吗

战场上的通信主要是无线电，但是为了防止敌人窃听，也会采用有线通信方式（电话）。

军用电话

使用电话线的有线通信方式和无线通信比起来，具有能够高速地传递大量资料和信息的优点。在上网浏览大量图片或者下载比较大的文档时，比起无线网络，有线网络的速度更快更稳定。

有线通信在通信速度上的优势并不明显，但是无线电话比较容易被敌方窃听，有线通信的安全性则要高很多。近年来，由于数字通信方式的普及，无线通信被窃听的危险性也降低了很多。因为有线通信只要接上电话线就能使用，比较方便，因此人们依然在使用。

有线通信是用电话线把两个以上的终端（军用电话等）连接起来进行通话。电话线如果因为意外或者被人为切断的话，也就无法通信，因此在架设电话线时会用电线杆将电线架在空中等不会被人或者车辆碰到的地方。但是在战场上不能架设显眼的空中线路，因此只能把电话线埋在地下或穿过树林使用。而铺设电话线最有效率的方法就是人力。

为了搬运方便，电话线一般以 100 米为单位卷在电线盘上。通信兵需要带着电线盘前往部队集结的地点，把电话线连接在另一头的电话上。

在电话线路的设置上，受到电话线长度的影响，通话的距离都是线路可及的距离。因此，有线通信主要都是架设在己方阵地。

在实际中，铺设在地下的电话线常常会被己方的装甲车等战车的履带碾断，这时候通信兵就要及时把线路挖起进行维修。

用电线盘来铺设线路

铺设线路最有效的方法就是人力

带着这样的电线盘，在集结地点之间接上电话线。

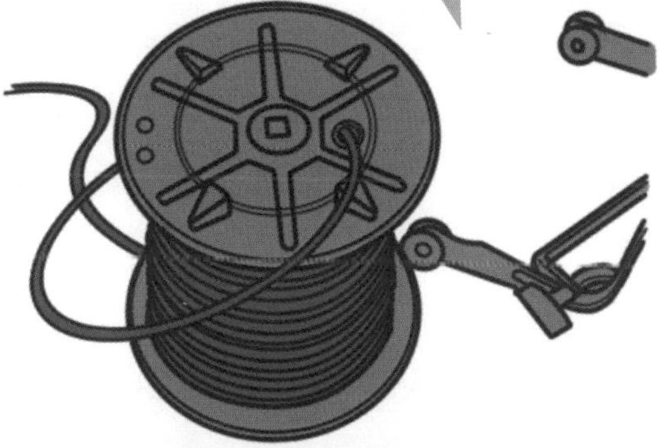

电线盘最多能卷 350 米的线

穿过树林之间或者埋在地下，设置时要注意不能轻易弄断。

但也有问题

- 不只敌方，己方也会不小心弄断线；
- 线路断掉的话，通信就会中断。

这时候

通信兵要及时把线路挖起，把断掉的部分重新接上。

电话线的两头连接军用电话

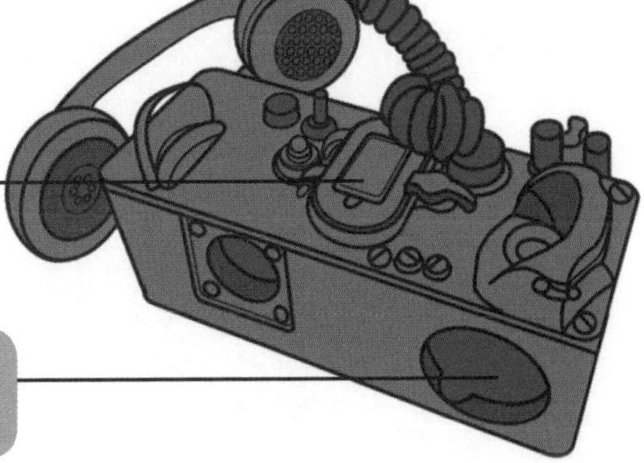

内部有 2 个一号电池

电话铃声用的发电机，拉起手把转动后对方的电话就会响铃。

No.081 沙袋可以用来防弹吗

沙袋是将土、沙装入布袋中而成，主要的作用是作为前线的防御物品，通过沙、土之间的摩擦力挡住子弹。

可以用来防弹

在一些反应战场实况的照片或者影视作品中，我们常常可以看到在机枪阵地的周围、战壕的旁边堆积着大量沙袋。沙袋是在麻布或者纤维等制成的袋子中装入土或沙而成的，用来堆积在阵地周围或者重要场所，作为防御设施使用。

沙袋作为防御用品的优点在于可以迅速搬运到需要设置防御的地方。也许有人会觉得，就算是轻的沙袋也有 10~20 千克，大的沙袋更是重达 40~50 千克，这么重的东西怎么简单搬运？

实际中，沙袋所装填的土、沙等物随处可见，直接在需要放置沙袋的地方装填就可以了，因此搬运十分简单。

沙袋的作用在平坦的地方尤为有效，比如在草原这样毫无屏障的地方构筑防线，巷战中制作路障，此外还能用来强化既有的防线。在碉堡、城门等防御据点，也会堆积大量沙袋来增强防御。沙袋还会堆积在战车的正面、后面作为强化的用途。堆积在战车上的沙袋能够阻碍反装甲炮弹。

把沙袋堆高的时候，为了防止失去平衡而倒塌，会用金属或者木桩穿插其间进行固定。

沙袋墙在战场以外的应用也十分广泛，比如在发生洪灾的时候可以用来构建临时提防，或者在挖掘洞穴、沟渠的时候，堆积大量沙袋防止洞穴坍塌。

在有需要的时候可以迅速准备好

装好的沙袋可以成为削弱子弹力道的“保护墙”

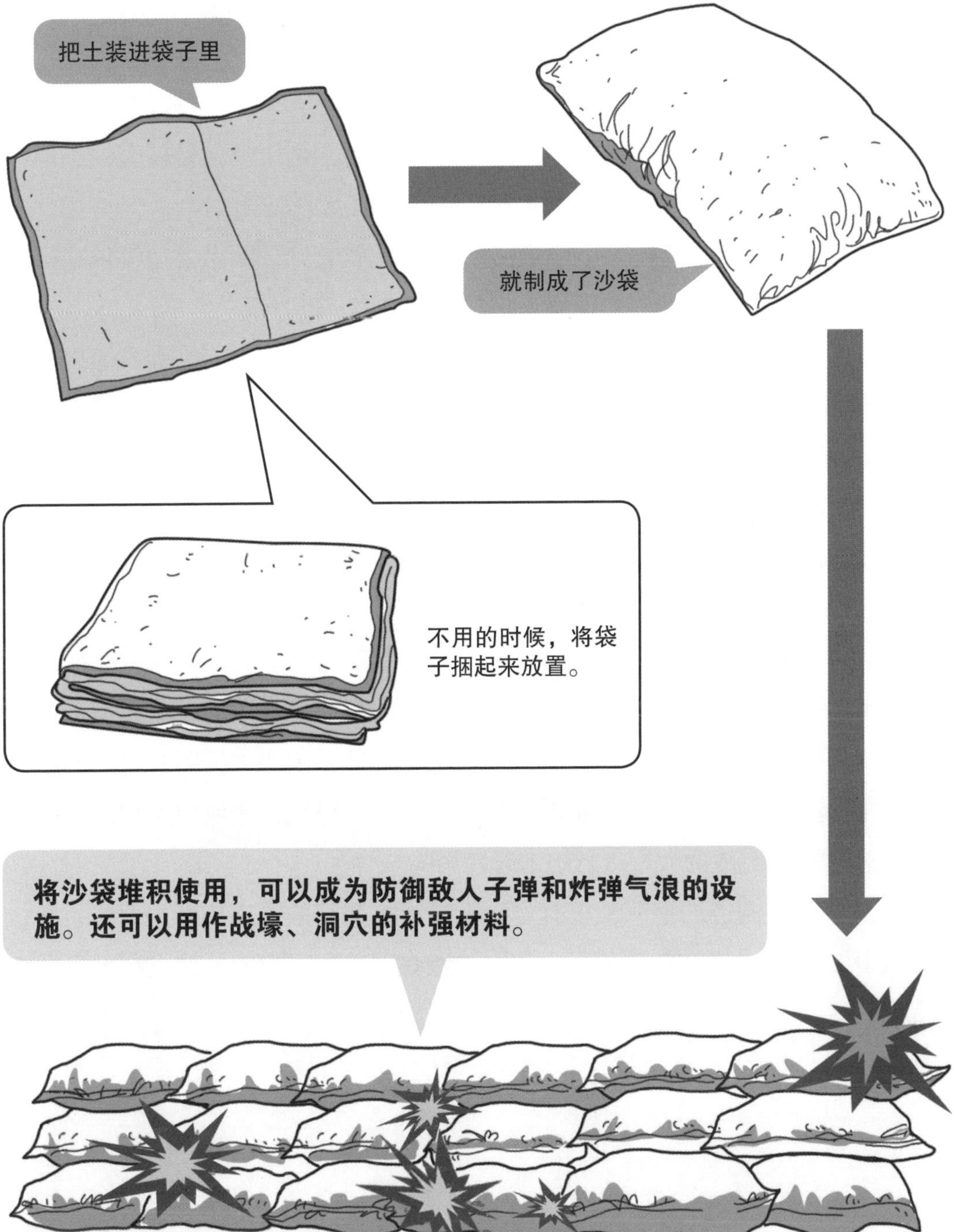

No.082 炮队镜是什么

潜望镜可以从海面下伸出海面或从低洼坑道伸出地面，用以窥探海面或地面上活动的装置。

1
2
3
4

与潜望镜相似的炮队镜

潜望镜的原理与普通的望远镜相同，但是要另加两个反射镜使光线经两次反射而折向眼中。潜望镜常用于潜水艇，坑道和坦克中观察敌情。

炮队镜的构造与潜望镜相同，但是其外形比较特殊，两个潜望镜像螃蟹的眼睛一样高高地凸在上面，因此有人把炮队镜成为“蟹目镜”。

炮队镜这种观测仪器是配备给炮兵使用的大型望远镜，在炮弹发射以后用来确认炮弹的落点，帮助炮手矫正方位。也可以像潜望镜一样，躲在战壕中观察敌人动静。

由于炮队镜的用途是从远距离观测炮弹落点，因此在使用的时候需要隐藏在不会被狙击或者流弹杀伤的场所。而炮队镜要比普通的望远镜重很多，所以通常要和三脚架一起使用。镜身和三脚架都有专门的收纳箱，可以拆解以后进行搬运。

作为一般的望远镜使用的时候，“蟹眼”的部分是合闭的状态，但是要正确测量远距离的目标时，则需要打开“蟹眼”。这是因为“蟹眼”之间的距离越宽，视差就越大，可以在测量的时候减小误差。以视差来测定距离的方法，通常是军舰或者野战的大炮进行炮击时使用的。

二战中德国制造的炮队镜很有名，不过同时期其他国家也有类似的装备，并非德国的专利。比较特殊的是，德军曾经在“豹”式坦克的改良型上搭载炮队镜。

炮队镜

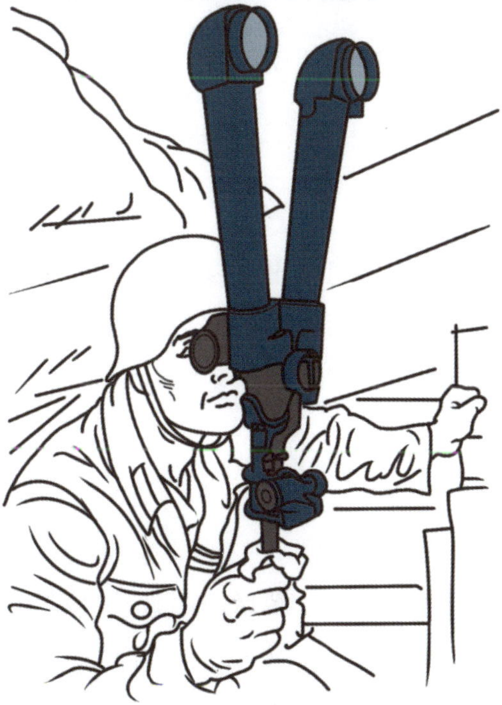

可以从藏身之处观察远方，不必探出头。

借着镜子的反射，让眼睛看到高处的影像。

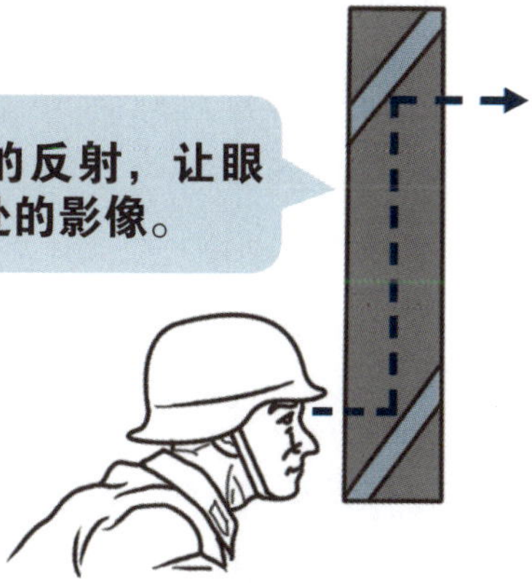

观测远处的目标时，“蟹眼”之间的距离越大，观测的误差就越小。

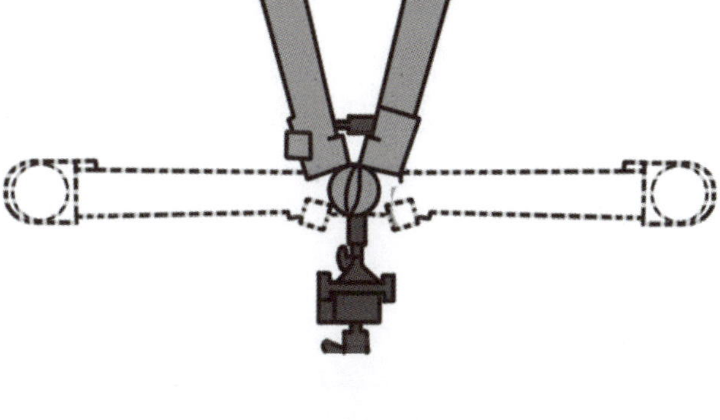

在平地上使用时，可以装在三脚架上。

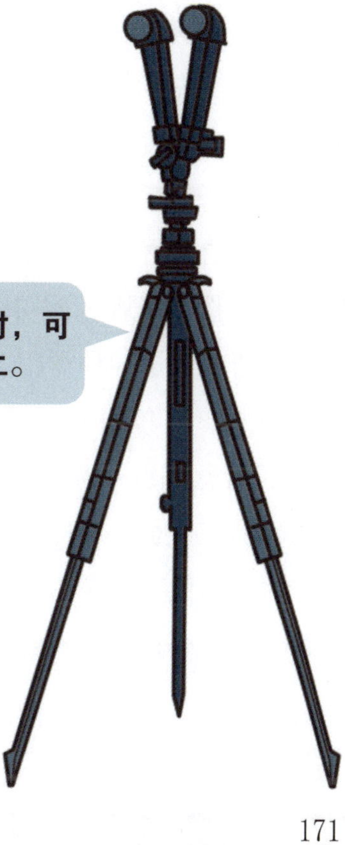

No.083 怎样保管弹药

枪炮这类武器，如果没有弹药的话，几乎毫无用武之地。而枪械种类繁多，弹药的型号也参差不一。

基本都是装在箱子里

使用枪炮的战斗，弹药的数量对战斗进程的影响毋庸置疑。由于战场上每天所需要的弹药种类和数量都不尽相同，进行弹药补充的时候，会先将后方生产的弹药统一送到军需处或者补给处，然后由军需处或者补给处根据前方的需要进行调配。

各种弹药的口径、大小都不相同，包装的数量也都不一样。较大的机枪子弹一般是一盒 10 发，较小的手枪子弹一盒则有 50 发。

装弹药的盒子一般是纸制或者泡沫塑料制成的，在搬运的时候会把许多小盒装在木箱中再打包起来运送。送到前方的弹药，尤其是机枪的弹药，会提前安装在弹链上，以 100 ~200 发为单位装在弹药箱中，以便前线士兵拿出来以后就能立刻使用。

战场上消耗弹药最多的枪械要数重机枪了，由于它射速很快，而且一般都是进行长时间连续射击，不可能像步枪那样通过更换弹匣的方式来补充弹药。因此在机枪的供弹口附近，会直接摆放好装满弹链的弹药箱，在子弹用完以后直接更换弹链即可。

弹药的数量、种类很多，在装配的时候会把弹药箱的尺寸和重量规格化，以便包装。打包好的箱子会留下识别的记号，将弹药的口径、弹种、数量、批号等信息都统一喷印在弹药箱上。有时候为了搬运方便，连包装的重量、体积也写在上面。

衡量现代军队是否强大，拥有新式的武器和充足的兵源是一个重要因素，能否保证流畅的物资补给也非常重要。

弹药需要装进弹药箱

战斗中消耗弹药

如果无法补充弹药，就会陷入困境。

把必要的弹药送到战场上，弹药装载弹药箱中统一管理。

手枪用的弹药

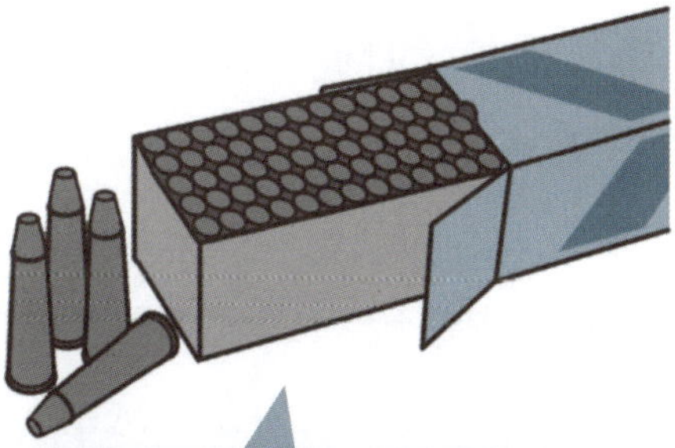

能够容纳 50~100 发的小盒子，小盒子一般是纸制或者泡沫塑料制成。

机枪用的弹药

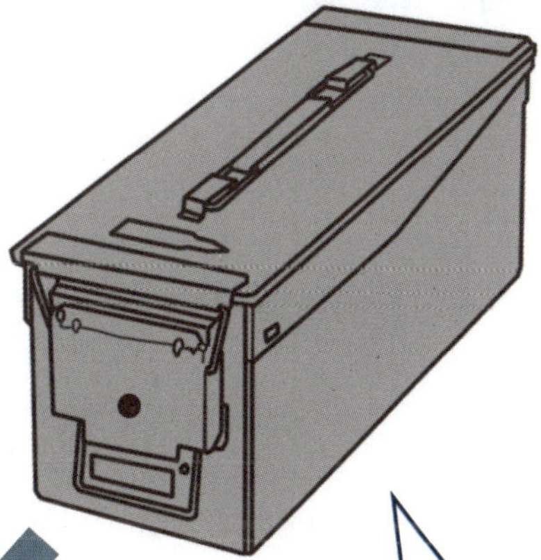

金属制成的密闭容器，以 100~200 发为单位管理，还会制成弹链收纳。

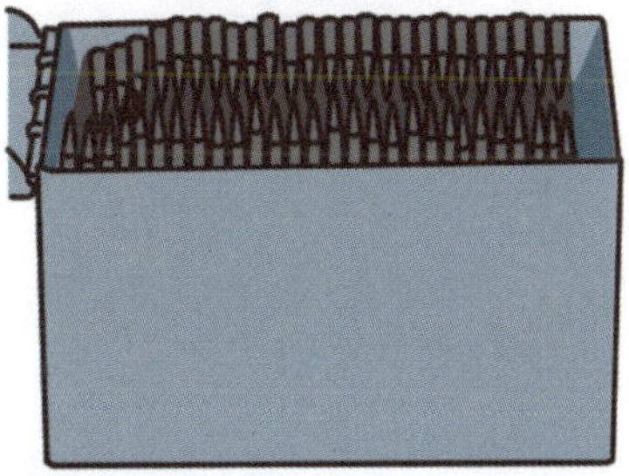

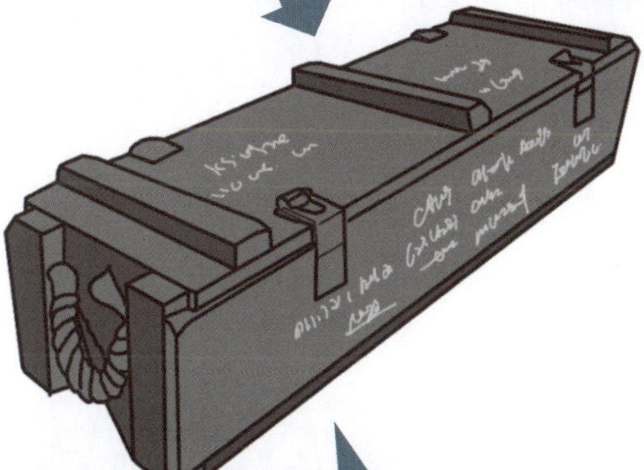

装在弹药箱一起运送，战车或大炮的炮弹是装在木箱中搬运。

No.084 军用卡车和民用的有什么不同

卡车是向军队补给物资的主要交通工具，军用卡车虽然进行了绿色涂装或者迷彩处理，但是外观上与民用卡车并无区别。

以民用卡车为基础

军队使用的运输卡车，基本上都是以民用的车辆为基础，改变原本车辆的规格或者进行改造以后产生的。在军队需要大量调度物资的时候，军用的卡车都会经过进一步改装，所能搭载的物资要比同类的民用卡车更多。

另外，军用卡车所标记的载重量一般都比实际的载重量要小，比如同样的车在民用时标记为 2 吨，军用车则只会标记为 1.5 吨。

采用这种方式的原因是军用卡车在装载武器等物品的时候，需要小心行驶，在崎岖的道路或者山路上也要保证稳妥。在平地或者水泥马路上行驶时，则无需注意这一点，可以照常发挥车辆的性能，按照原本的载重量装载装备。

军用卡车的任务一般是运送燃料、弹药、食物、帐篷等物资到部队的集结点。与民间运输相比，军用卡车不会配备专门的搬运人员，因为在军队中，任何行动都是自力更生的，无论是营地的基础设施建设，还是运送物资、搬运物资，都是由士兵自己完成的。

在用卡车运送人员的时候，士兵会分两排面对面坐在车厢两侧的长凳式座椅上。之所以不把座椅设置成长途汽车那样，一方面是因为士兵本身的装备很多，需要相当的空间存放，另一方面可以实现一车多用，既能运兵，也能输送物资。

这种乘坐方式下士兵很容易疲劳，因此在行驶途中要不时地下来活动休息。

补给的主要工具

大多数军用卡车并不是专门为军队研发的，而是直接从民用车辆改装而来。

在运输物资的时候需要大量调度车辆，因此车辆新旧不一。

No.085 吉普车

吉普车（Jeep）是一种四轮驱动的越野车，是二战期间应美军军方要求所研发出来的汽车，十分坚固耐用，越野性能良好。

1
2
3
4

“越野先锋”

威利斯（Willys）吉普车诞生于二战期间，美国意识到本国与德国军队机动能力的差距，战争已经开始威胁到美国，因此，美国迫切需要一种越野能力强的轻型车辆。威利斯 MA/MB 吉普车应运而生，它可谓是现代吉普车的鼻祖，起初型号为 MA，改进后型号定为 MB。

威利斯吉普车结构简单，几乎没有什么和驾驶无关的零件；没有车门，两侧有缺口供士兵快速上下车辆。二战期间，威利斯公司共为军方制造了 60 多万辆越野车，轮迹遍及世界各地，为赢得反法西斯战争的胜利做出了巨大贡献。战后，威利斯成功转型，在 MA/MB 的基础上产生了著名的吉普（Jeep）品牌。

吉普车采用四轮驱动，发动机的动力分别传递到前后的四个轮子上，不管是坑洼的道路还是崎岖的山路，都如履平地。在战争中吉普车经常充当着弹药、药品补给车的角色。在很多战场上，卡车等车辆往往无法直接抵达前线，这时候就会由吉普车将急需的弹药、药品一路送达。

20 世纪 70 年代末期，美国陆军根据越战经验，开始研发新一代的轻型多用途军车，当时军方所要求的军车需要符合高机动性、多用途和有轮（非履带式）等要求，简称 HMMWV(High Mobility Multi-purpose Wheeled Vehicle)，用以取代多款吉普车和各式四驱皮卡，目的是让统一制式的轻型军车能够实现更简便的模块化维修和保养，以提高机动能力。在这些理念上产生的车辆就是悍马（Hummer）。

吉普车

在第二次世界大战中登场的吉普车，作为侦查、联络以及急需品运送车十分活跃。

美国工业的象征：Jeep

吉普车的继任者：Hummer

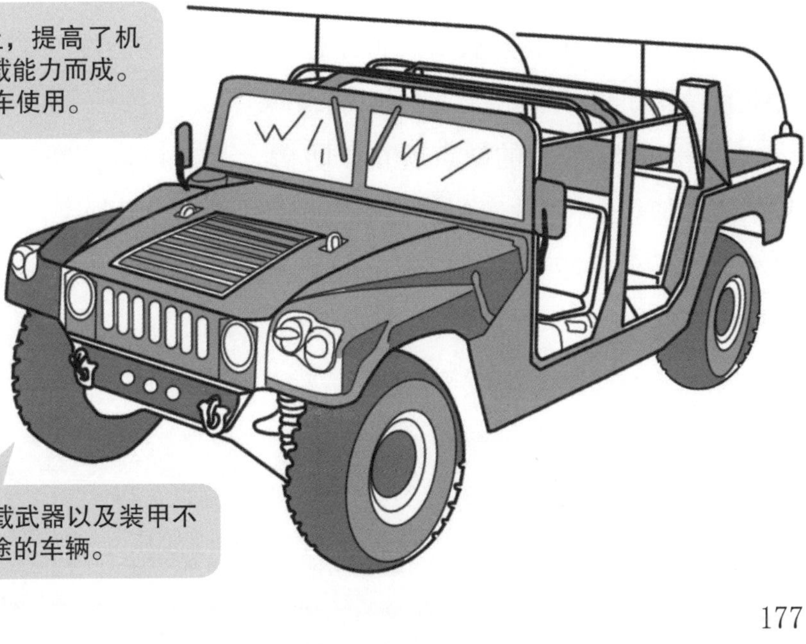

No.086 军用摩托车

摩托车在第二次世界大战中成为一种常见的军用车辆，通常都是用来作为侦查车辆或者联络用途。

无处不在的军用摩托

摩托车外形小，便于隐蔽，在战火纷飞的前线，它是快速救护和运送伤员的理想车辆；某些重型军用摩托车配上专用的挎斗，就可以成为弹药、补给输送车；甚至还能够充当牵引车，拖曳一些轻型火炮。

正是因为如此，摩托车在战争中，尤其是第二次世界大战中大受欢迎，许多国家都生产了大量军用摩托车装备军队，在战争中立下了汗马功劳。

二战中装备摩托车数量最多的恐怕要数德国了，据统计，仅仅是宝马 R75 军用摩托车，德军就装备了多达 16000 辆。从欧洲战场、北非战场，到苏德战场，到处都可以看到德军的摩托车。

宝马 R75 是二战期间宝马系列摩托车中最为著名的，该车从 1940 年一直生产到 1944 年，排量 0.746 升，采用 26 马力双缸风冷发动机，四档 (带倒档) 变速箱，最大速度可达 95 千米 / 小时。前轮为机械刹车，后轮为液压助力刹车，悬挂为伸缩套筒式前叉。武器有时是 1 挺 MG 34 机枪 (安装在挎斗前方)，有时则干脆是在挎斗上搭载 1 门野战迫击炮。它在条件恶劣的北非战场和苏德战场上以良好的可靠性博得了官兵的喜爱。

但是摩托车最大的缺点就在于防御。无论是驾驶摩托车的士兵还是摩托车本身，暴露在外面的部位都很多，因此对子弹或者炮弹碎片的防御力非常弱。此外，摩托车所能装载的货物也十分有限，搭载人数也只有 1~2 名，不适合部队大规模移动。

军用摩托车

具有很强的机动性和越野性能。

英国的军用摩托车

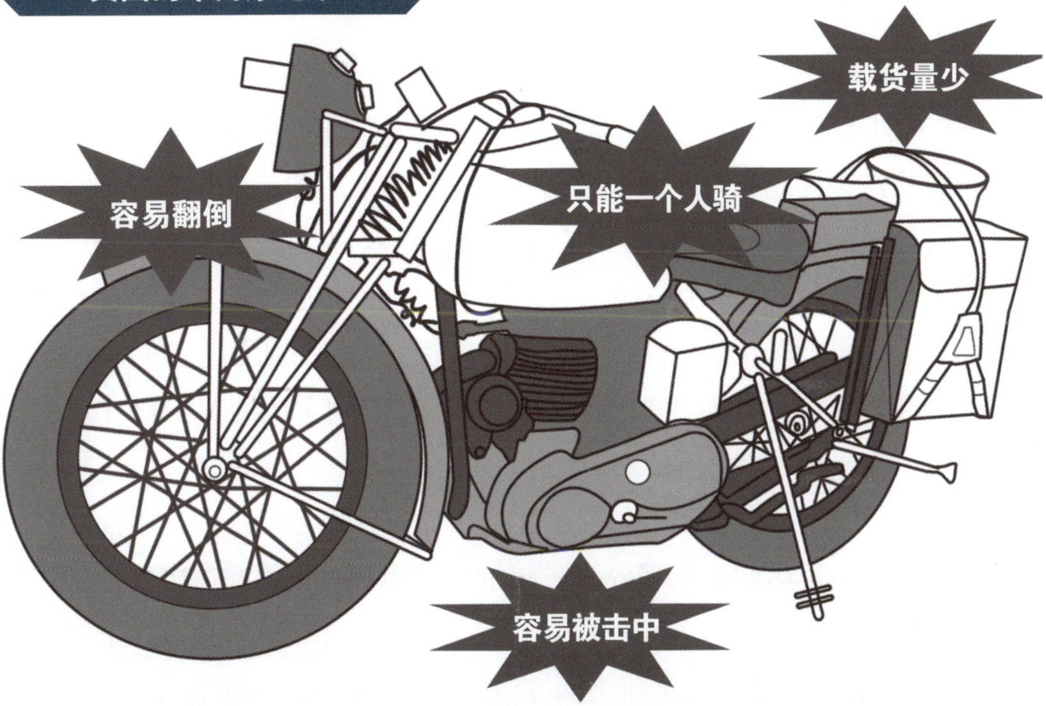

只能利用其速度和机动性能，执行侦查或者联络等任务。

德国的宝马 M75 军用摩托车

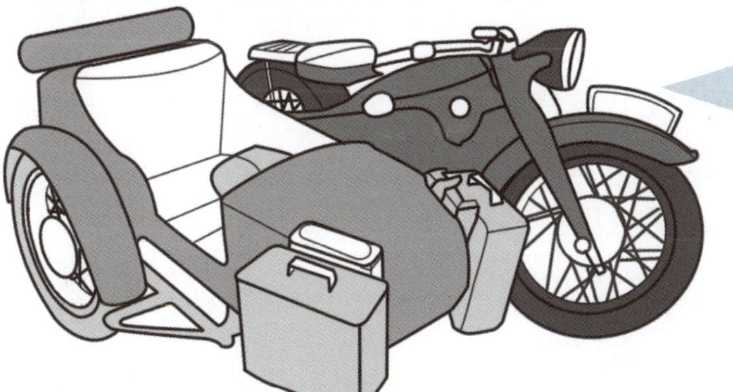

给重型摩托车加装挎斗，可以更多地搭乘士兵或者物资，还会在上面装上机枪在战斗中使用。

No.087 半履带车

车体前半部分像卡车，后半部分则像小型装甲车。车轮采用履带的形式，这种车辆就是半履带车。

战场活动能力强

第二次世界大战时期，除了美国以外，其他国家的汽车并不算十分普及。而且当时的汽车性能有限，对于战场环境的适应能力并不强。为此，一些国家研制出了将履带战车与汽车合而为一的半履带车。

所谓半履带车（Half-Track），泛指车辆与地面接触，负责传动的并非全部使用履带，也可以说是混合传动型态的车辆。最常见的混合方式是以履带和车轮并存的形式。二战期间比较有名的半履带车由美国的 M2/M3 半履带车系列和德国的 SdKfz 250/SdKfz 251 系列。

半履带车可以用来运送士兵或者弹药，是一种用途多样、通用性能广泛的车辆。尤其是车辆的后半部分采用履带式结构，对道路的适应能力强，越野性能十分优秀，即使比不上全履带的装甲车，也比普通的卡车更具优势。

半履带车的设计是针对早期履带与车轮两种传动系统的缺点。

履带车辆的越野能力固然毋庸置疑，但是乘载重量受到限制，同时履带的寿命，尤其是在越野的环境下较短，生产成本上，履带也比轮型车辆要高。

车轮的寿命也高于履带，同时轮型车辆能够搭载的重量较大，可是在当时轮型车辆载重以后能够通过的道路类型十分有限，尤其是恶劣天气下的行动能力远不如履带车辆。

但是，因为半履带车的构造比较特别，履带也是经过轻量化的，虽然降低了成本，但是所使用的零件与其他车辆并不能通用，维修起来比较麻烦，加上越野车性能的提高，二战后就几乎不再使用。

兼具履带车与轮型车辆的优点

半履带车是传动结构部分使用履带的车辆，另外一部分可能是汽车、摩托车、甚至雪橇。

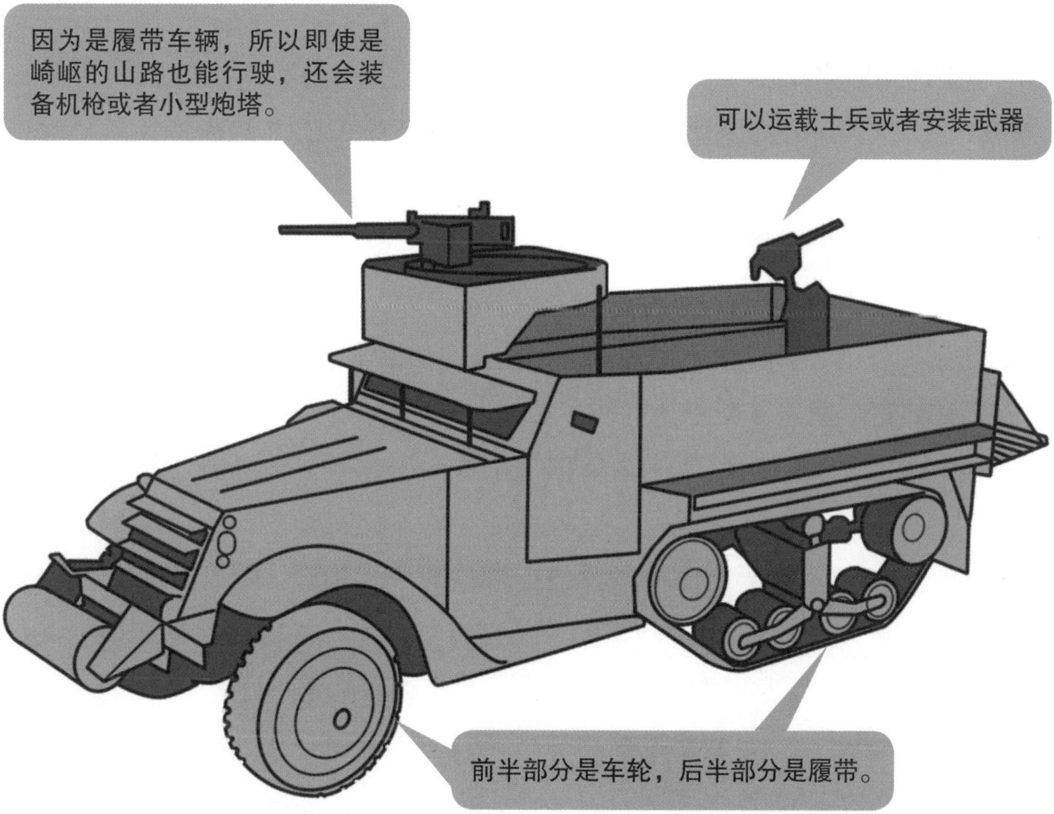

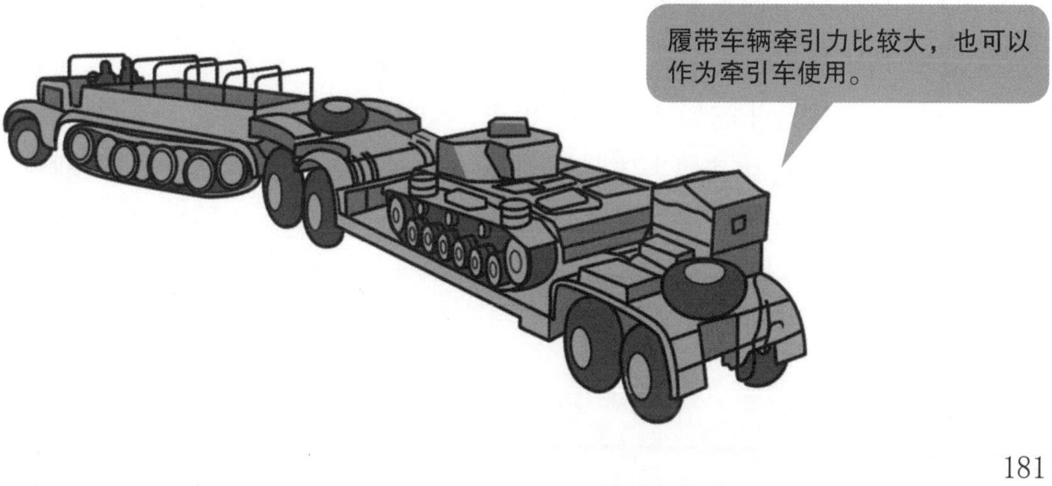

No.088 履带式摩托车

汽车和摩托车驾驶的方式完全不同，为了方便士兵驾驶，出现了一种驾驶方式像摩托车，但车子外形像吉普车的车辆。

小型通用履带车

第二次世界大战中后期，德军装备了大量用来牵引火炮和货物的半履带车，除了前文提到的 SdKfz 250/SdKfz 251 系列以外，还有一种由摩托车与履带车组合而成的半履带车 Sdkfz. 2。

Sdkfz.2 小巧灵活，越野性好，深受德军的喜爱，二战期间生产了 7400 多辆。Sdkfz.2 除了用于牵引轻型火炮和挂装小拖车外，也常常用来运送人员和物资，或者担任侦查、通信等任务。

Sdkfz.2 主要的用途是用作空降作战中的牵引车辆。尤其是德国的“绿色恶魔”伞兵，因为常常要携带一些较重的装备实施机动，Sdkfz.2 受到了他们的热烈欢迎，在巴尔干半岛上进行的空降作战中表现突出；在山地作战的部队里也常常可以看到 Sdkfz.2 的踪影，甚至有部分的车辆转用为拖行各型飞机的牵引车。

在苏德战场上，由于摩托车常常会因为积雪太厚、道路泥泞无法行驶，Sdkfz.2 凭借其机动能力在这一地区十分活跃。后来，在 Sdkfz.2 的基础上，出现了一种小型的雪地车辆——雪地摩托（Snow Mobile）。

Sdkfz.2 在行驶中通过左右活动把手，以履带的速度差进行转向，这种转向方式能够减轻履带的负担，延长履带的使用寿命。

与两轮或三轮挎斗的轮式摩托车相比，Sdkfz.2 稳定性更强，越野能力也不在话下。但是，它和其他半履带式车辆一样，具有先天的不足。在越野行驶能力上比不上履带式车辆，公路行驶能力和可靠性上又不如轮式车辆，加上维修方面的原因，很快就被淘汰了。

Sdkfz.2

Sdkfz.2 是一种将摩托车与履带结合起来的小型车辆

Sdkfz.2 的优点

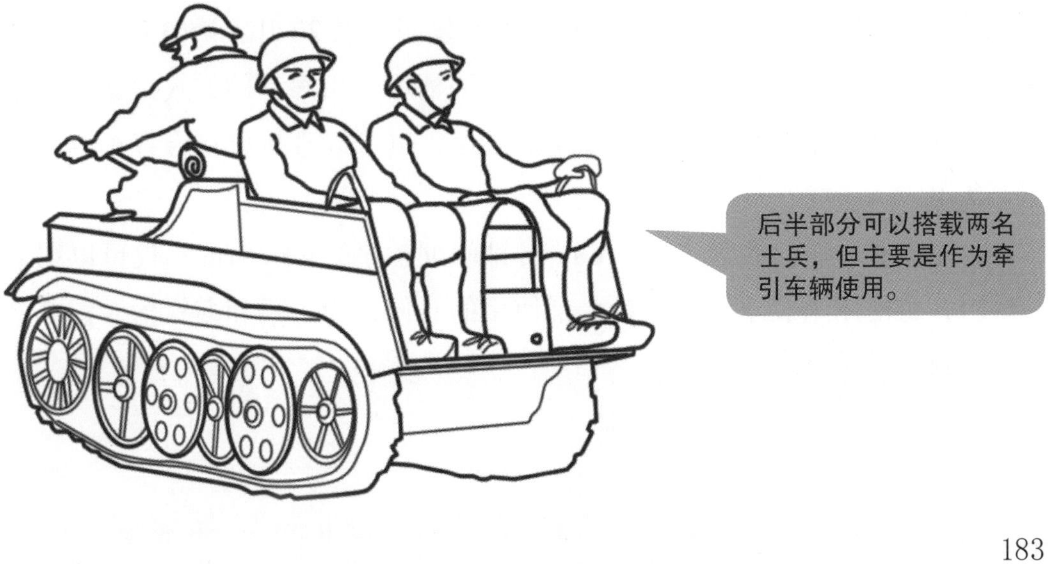

No.089 战场上如何进行加油作业

任何车辆在行驶中一旦没有了燃料，就形同废铁。而战场上并没加油站，需要将燃料通过汽油桶运送到前线。

通过容器运送

在古代，军队所需要的粮草、装备都要使用牛、马或者人力搬运。现在则不同，主要是用卡车等运输车辆完成运输任务。这些车辆的行驶都要靠充足的燃料保证，因此如何进行补给就变成一个必须面对的问题。

在对前线的车辆进行补给时，往往会出现很多不确定因素。所以必须保证己方有足够的能力把充足的燃料运送到前线，有时候抢夺敌人的燃料也不失为一种应急的手段。

通常会将需要的汽油、柴油装进油桶或者油罐中运往前线。汽油桶的容量大约为 200 升，它有保管和运输燃料两种用途。若是使用油罐车的话，能够一次性运输大量燃料，但是前提是运达以后前线有足够的油桶或者时间将这些燃料再次分装。

虽然汽油桶在日常存放的时候并不显得大，但是放在车上的话就完全不同了。比较耗油的装甲车或许还放得下备用燃料，但是吉普车之类的小型车辆就力不从心了。

对于这个问题，第二次世界大战时德军发明了以 20 升容量的方形汽油桶来运输燃料。虽然这种方形油桶不能像大油桶那样用滚动的方式搬运，但是因为它体积小、重量轻，士兵可以单独搬运，也可以直接放在吉普车或者卡车上备用。

这种方形的油桶成为“Jerry Can”，即轻便油桶。Jerry Can 不仅可以用来装燃料，也能用来装水。在作为水桶使用的时候，为了不和燃料桶弄混，会在表面做上识别的符号。

补充燃料的方式

为卡车或者战斗车辆补给燃料是必须面对的问题

不可能让前线车辆特地开回基地加油

把燃料分装后送到前线

汽油桶

容量约 200 升
重量约 150~200 千克
（会因桶壁厚度的不同与内部液体的不同有差异）

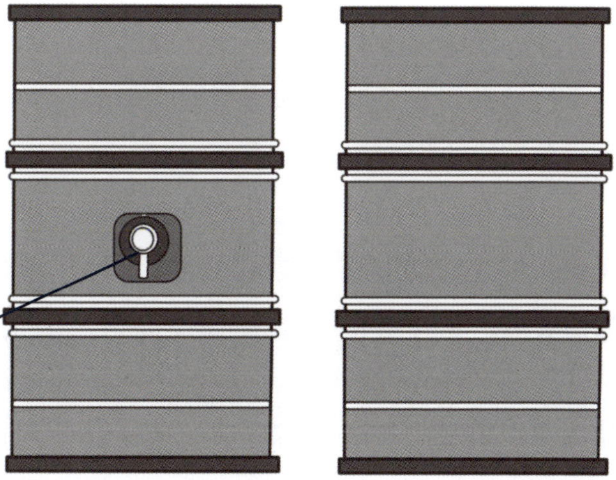

横倒时使用的出油口

Jerry Can

容量越 20 升
重量约 15~20 千克

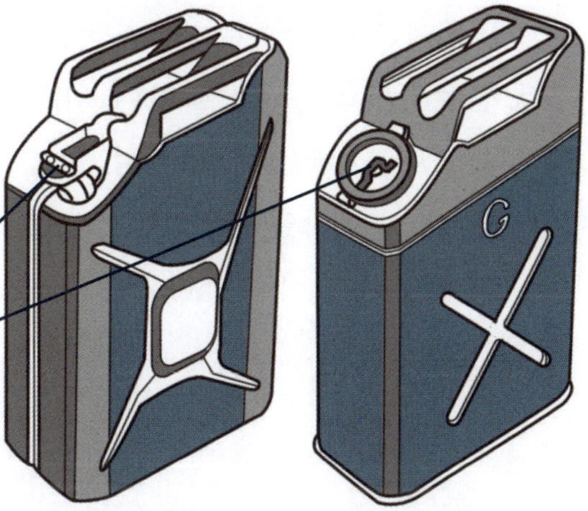

德国制的开口是凸出的形状，而美国仿制的则是旋转型的盖子。

No.090 军用装备的伪装为什么多使用“网子”

用来欺骗敌人的眼睛，隐藏自己的方法叫做伪装。穿上迷彩服或者给车辆涂装迷彩是常用的手段，伪装网也是非常有效的方法。

伪装网

在第一次世界大战时，为了隐蔽兵器，有士兵就将渔民用的旧鱼网盖在兵器上，并在网上设置一些树枝杂草作为遮蔽材料。这就是伪装网的雏形。伪装网是一种重要的伪装遮障器材，在战场上是兵器装备、军事设施等军事目标的“保护伞”。

自然界中很少有过长的直线或者比较大的直角，因此人们在观察的时候对于自然环境中的直线和直角尤为敏感。因此，就需要一些能够遮蔽装备直线或者直线的伪装。

早期的伪装网是在网子上绑上树枝、树叶等东西，从远处看起来就像是树木。现在的伪装网则要先进很多，除了单色的伪装网以外，还有迷彩图案的伪装网，正反两面采用不同色调的迷彩，能够适应不同的气候条件。

在使用伪装网的时候，需要把网子的边缘挂在附近的树木或者岩石上，使伪装对象的轮廓变得不明显。就算是使用迷彩伪装网，若是在网子上放置树木枝叶、沙子等所在地的材料，可以使伪装对象与周围物体的阴影更为接近，更好地融入环境，效果会更好。

伪装网对于躲避空中的侦查尤其有效。除了直升机等一小部分飞行器以外，大多数飞机都是处于高速移动中的，所以地面上的物体只要拉上伪装网以后，很难从空中辨识。对于用来攻击敌方飞机的防空阵地更是如此。在四周用沙袋巩固，顶部盖上伪装网，这是防空阵地的基本构造方式。

现在的伪装网，不仅能够对抗目视观察，就连远红外探测也很难发现。

伪装网

用网子来伪装的方法

隐藏士兵、武器弹药等物资或器材。

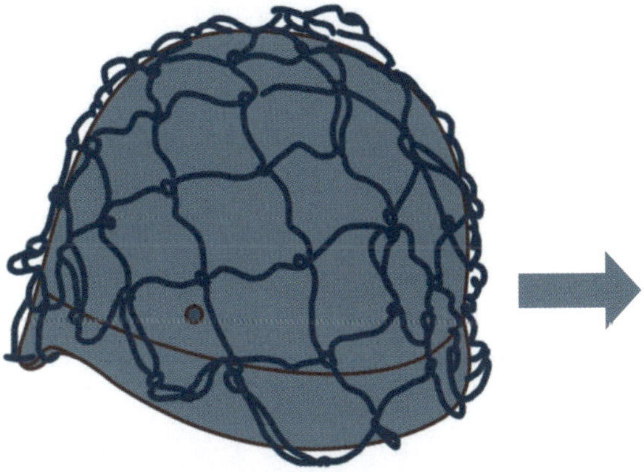

把网子盖在装备上

绑上树叶就完成了

大面积伪装

对象是车辆的时候，用的是事先做好的伪装网。

使用这种大型伪装网的话，连战车都可以隐藏起来。

No.091 铁丝网也有很多种吗

在军营、阵地或者看守所周围都会拉有铁丝网，以防止敌人侵入或者俘虏逃走。这种铁丝网有哪些种类呢？

有刺的铁丝

铁丝网的全称是有刺铁丝网（Barbed Wire），用有刺铁丝和带刺的木桩构筑而成，是一种防御型的金属丝，上面布满了尖刺，尖刺之间保持相同的距离，就像是荆棘一样。

有刺铁丝有许多种类，可以依靠铁丝的特点或者形状来区别。有的铁丝比较软，就算制成铁丝网也很容易被拉直或者扭曲，可以轻易用钳子之类的工具将其剪断，作为障碍物的效果并不好。

还有的铁丝就算用力拉也不会伸直，而是会变成线圈，呈螺旋环绕状。这种铁丝是用和制作弹簧的材料相近的钢丝制成的。除非用专门的铁丝剪，否则很难破坏。线圈型的铁丝网比拉直的铁丝制成的铁丝网要难穿过，在设置中也更为简单。

呈薄片状、上面带有形似刀刃的一种铁丝叫做“刀片刺网”（Razor Wire）。刀片刺网不是用尖刺伤人，而是用刀刃来划伤人，这种类型的有刺铁丝从第一次世界大战中就开始使用，在战壕战中是重要的防御设施。虽然防御的效果比普通的有刺铁丝好，但是因为要用不锈钢等材料制造，成本相对较高。有时刀片刺网上的刀刃还会连接电路，攀爬者接触到刀刃便会遭到电击，常见于监狱、战俘营等收容设施。

用木桩和有刺铁丝制成的铁丝网很轻，就算是附近有炮弹爆炸，也能够让爆炸的气浪顺利通过，并不容易倒塌，是很难毁坏的障碍物。

有刺铁丝和铁丝网

第一次世界大战时期的有刺铁丝

英军的是用两条铁丝编成

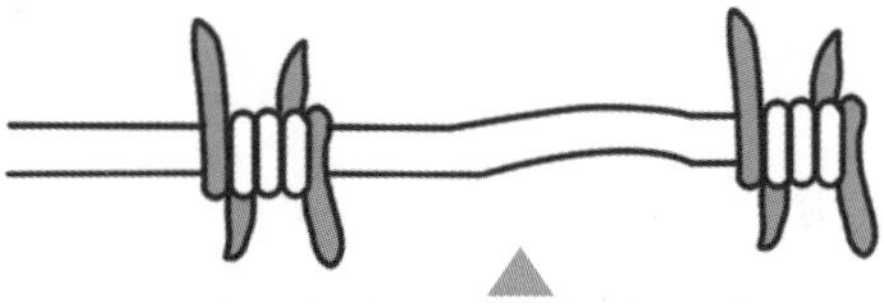

德军是用一条编成

也有像刀刃一样的类型

※ 以前的有刺铁丝在材质上虽然与现在不同，形状和用途等方面是一样的。

铁丝网的种类

栅栏型

设置简单、容易被突破。

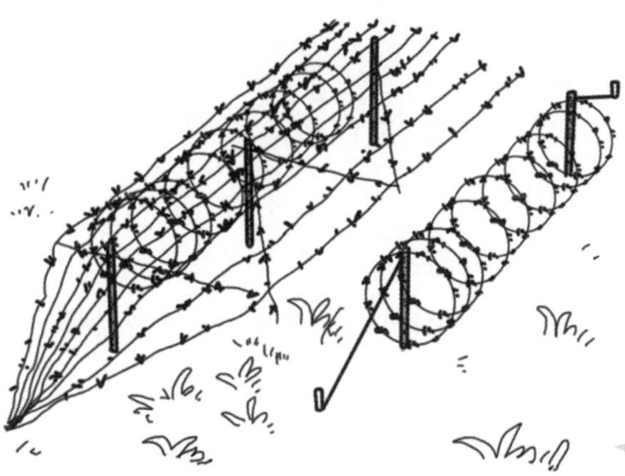

线圈型

线圈型的设置和撤收都比较简单，不用专门工具的话很难突破。

No.092 难以突破的路障

路障是用来阻挡敌人或者车辆进入的防御设施，一般设置在军营门口或者交通要道。

路障

如果仅仅是用来阻挡人前进的话，铁丝网就是非常有效的路障了。在第一次世界大战中，交战双方设置了大量铁丝网，用来阻止敌方士兵进攻。但是想凭这种路障面对坦克的话，就显得不够用了。因此也就出现了专门针对坦克的路障。

第二次世界大战时，坦克在欧洲战场上广泛使用，交战双方动辄投入数百辆坦克进行战斗。当时的路障常常是用铁轨或者铁板焊接而成，也有用混凝土铸造而成的三棱锥，这就是反坦克锥。混凝土构筑的反坦克锥与焊接而成的路障不同，难以移动，所以通常都是构建在要塞或者防御的要道附近。

用水泥构筑的反坦克锥在阻碍履带式坦克时效果显著。坦克若是硬闯的话，会在越过水泥锥时卡死在上面。唯一的方法只有爆破将其清除，然而这种反坦克锥往往都会布置很大面积，就算爆破也需要很长的时间，爆破后产生的水泥块依然会坍塌在道路上，阻碍坦克前进。因此这种设施可以为防守方赢得充足的时间。

但是现代战争中，反坦克锥已经失去了作用。现代战争追求精确打击，是不太可能在没有了解地形的情况下贸然前进。

沙袋或者装了沙、水的汽油桶也是很好的路障。但是，这种路障在小规模的战斗中，常常被偷袭的敌人当作掩体使用，防御效果不如有刺铁丝网。

阻碍敌人通过的路障

阻挡人的路障

要攀爬才能越过的栅栏路障很好用，尤其是使用有刺铁丝时。

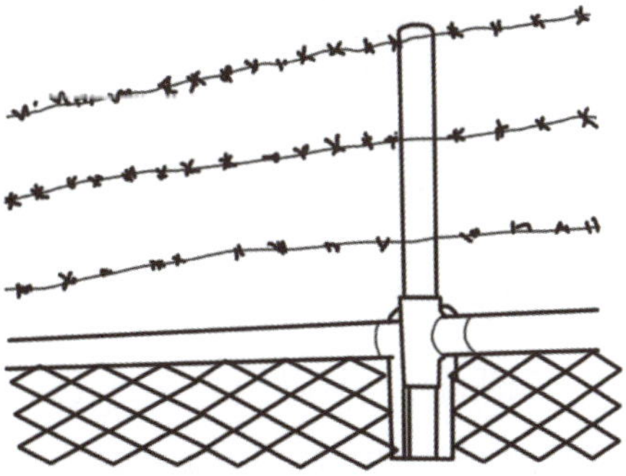

阻挡车辆的路障

把木棒或者沙包等笨重的东西堆积起来，越大越重的东西越好。

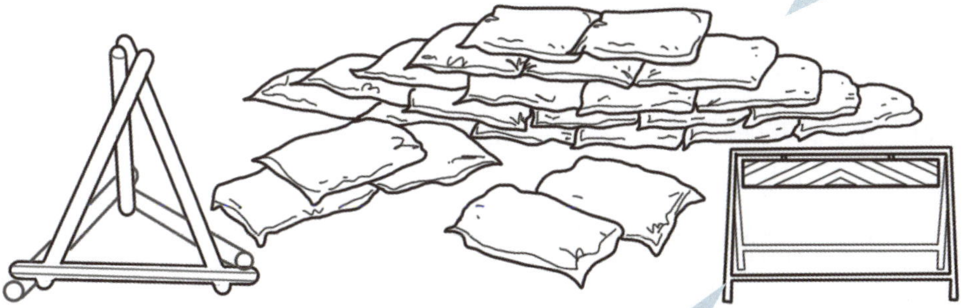

这种虽然叫做路障，但是只是用来表达禁止通过的意思。

阻挡坦克的路障

坦克比较坚固，冲撞力很强，所以用铁轨之类的东西焊接起来当作路障。

可以预先把水泥做成锥形的障碍物设置在敌人可能经过的道路或者据点周围。

No.093 如何处理俘虏

在抓到敌人以后，需要限制他们的自由。如果可以关起来当然没问题，但是在转移俘虏的时候就要注意了。

限制行动

在抓到俘虏以后，为了保证其不会逃脱，最常见的方法就是限制其行动的自由。一般用来限制俘虏行动的道具是手铐。手铐可以锁住双手的手腕，限制手部的活动，通常是用锁链连接两个金属环的形式。

为了防止轻易被切断，手铐的锁链部分是用淬炼过的金属或者特殊的合金制成的。也有采用铰链式活页设计的折叠手铐，这种手铐在携带的时候不会发出金属碰撞的声音，使用的时候更方便。

脚铐与手铐的目的相同，都是用来限制俘虏行动的。一提到脚铐，就会让人联想到古代奴隶脚上所戴的脚镣。脚铐大多是在俘虏有逃跑倾向的时候使用，可以警告其他俘虏。

还有一种指铐，作用和手铐别无二致，都是将俘虏的两只手连接起来固定住，只不过是固定部位不同而已。指铐外形开起来像是迷你版的手铐，使用的时候固定住俘虏的双手拇指，令其双手无法分开，效果与手铐一样。在没有手铐或者指铐的时候，也可以用捆扎电线的束线带或者铁丝作为替代品。

在俘虏并不安分却又没有手铐可用的时候，胶布也是一种很好用的道具。胶布随处可见，用途很多。面对有的喜欢大喊大叫的俘虏时，可以用胶布封住嘴巴，让其无法出声。

想要撕破胶布，需要相当大的力量。但是如果胶布边缘有缺口的话，则会轻易撕裂。胶布的粘力虽然很强，却并不坚固，只要用尖物刺破就能很撕裂。

限制俘虏的道具

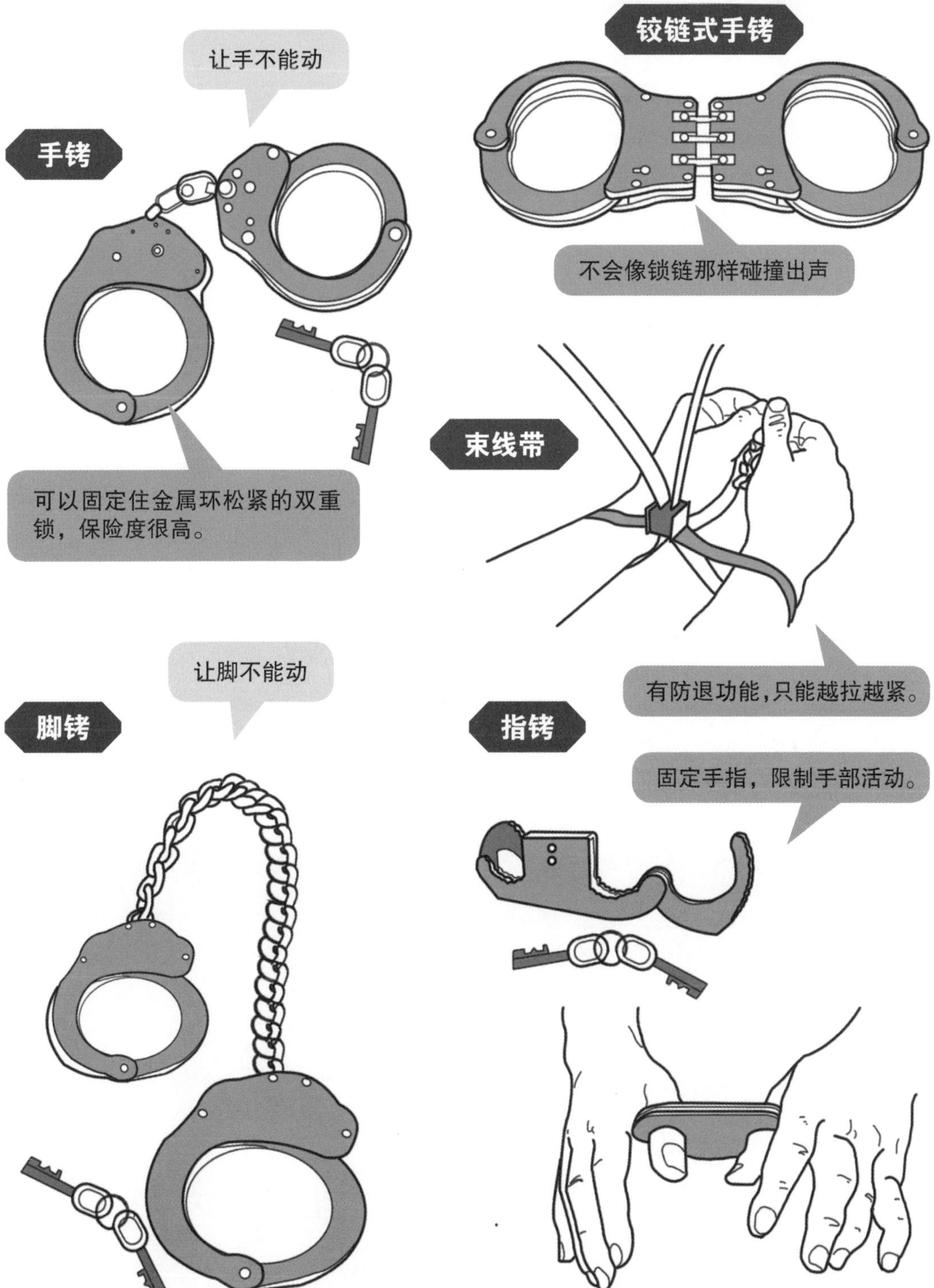
让手不能动
手铐
可以固定住金属环松紧的双重锁，保险度很高。
铰链式手铐
不会像锁链那样碰撞出声
束线带
有防退功能,只能越拉越紧。
让脚不能动
脚铐
指铐
固定手指，限制手部活动。